国家自然科学基金项目"波动喂入条件下基于变振幅方法的农业颗粒物料快速分散机理与控制研究"（51605196）
国家自然科学基金项目"基于趋堵关联机理及拉线夹持－变振幅方法的脱粒－清选联动防堵研究"（51975256）
江苏高校优势学科建设工程（三期）资助项目（PAPD-2018-87）
江苏大学"青年英才培育计划"项目
资助

# 联合收获中的清选物料堵塞问题及仿生防堵研究

ANALYSIS OF MATERIALS BLOCKAGE PROBLEM
ON CLEANING SIEVE IN THE COMBINE HARVEST AND
BIONIC RESEARCH OF ANTI-BLOCKING METHOD

马征 著

U0203115

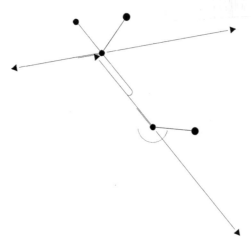

江苏大学出版社
JIANGSU UNIVERSITY PRESS

镇江

**图书在版编目(CIP)数据**

联合收获中的清选物料堵塞问题及仿生防堵研究 / 马征著. — 镇江：江苏大学出版社，2020.4
ISBN 978-7-5684-1280-3

Ⅰ. ①联… Ⅱ. ①马… Ⅲ. ①联合收获机－使用方法 Ⅳ. ①S225.3

中国版本图书馆 CIP 数据核字(2020)第 055384 号

**联合收获中的清选物料堵塞问题及仿生防堵研究**
Lianhe Shouhuo Zhong de Qingxuan Wuliao Duse Wenti ji Fangsheng Fangdu Yanjiu

| | |
|---|---|
| 著　　者/ | 马　征 |
| 责任编辑/ | 郑晨晖 |
| 出版发行/ | 江苏大学出版社 |
| 地　　址/ | 江苏省镇江市梦溪园巷 30 号(邮编：212003) |
| 电　　话/ | 0511-84446464(传真) |
| 网　　址/ | http://press. ujs. edu. cn |
| 排　　版/ | 镇江市江东印刷有限责任公司 |
| 印　　刷/ | 江苏凤凰数码印务有限公司 |
| 开　　本/ | 890 mm×1 240 mm　1/32 |
| 印　　张/ | 6.875 |
| 字　　数/ | 194 千字 |
| 版　　次/ | 2020 年 4 月第 1 版　2020 年 4 月第 1 次印刷 |
| 书　　号/ | ISBN 978-7-5684-1280-3 |
| 定　　价/ | 46.00 元 |

如有印装质量问题请与本社营销部联系(电话：0511-84440882)

# 前　言

高效、可靠、智能化始终是现代收获机械的主要发展诉求。联合收获机械是能够在一次作业中完成切割、喂入、脱粒、分离、清选、输粮和排杂等环节的复杂农机装备,农业物料贯穿各作业环节的过程也是其结构、形态、成分、密度、运动参数等不断变化的复杂过程。本质上,正是这一系列的复杂过程决定了整机的作业效率和具体的性能指标,如喂入量、损失率、含杂率、破碎率等,其中,物料能在各环节顺畅运行不堵塞是实现联合收获作业的最基本前提。

近十年来,我国联合收获机械发展迅速。一方面,水稻、油菜等潮湿作物机收率不断提高,纵轴流脱粒分离技术迅速得到推广应用,联合收获的作业效率大幅提高且还将继续攀升。但另一方面,联合收获机实际作业面临的堵塞风险也在不断增加,仅在清选环节就面临以下3种堵塞风险:潮湿作物收获可能发生的黏附堵塞,纵轴流技术易导致的筛面物料偏置堵塞,高效收获时喂入波动显著易产生的筛面前端物料堆积堵塞。

笔者对联合收获中清选环节的潮湿物料黏附堵塞和堆积物料堵塞问题进行了探讨分析,并分别从表面仿生和运动仿生的研究入手提出了仿生非光滑防堵和变振幅筛分防堵方法。本书第1章绪论阐述了相关研究背景,第2章至第7章为第一部分,主要介绍油菜黏筛堵孔问题及仿生防堵研究,第8章至第12章为第二部分,主要介绍筛面物料堆积堵塞问题及仿生防堵研究。

本书的研究工作还比较粗浅,尚有很多问题未得到细究。笔者本着抛砖引玉的初衷出版本书,目的是希望更多研究人员关注农机装备中的物料运行堵塞问题,并提出对应的防堵措施和智能化调控策略与方法。

　　本书在出版过程中得到了李耀明教授的辛勤指导,以及课题组徐立章研究员、陈进教授、赵湛研究员、尹建军教授、陈树人教授、唐忠副研究员、梁振伟博士和路恩博士等的支持与帮助,在此表示忠心感谢!

　　书中的研究工作和本书的出版得到了国家自然科学基金、江苏省高效优势学科建设工程和江苏大学"青年英才培育计划"等项目的资助,在此表示衷心感谢!

　　由于作者水平十分有限且时间仓促,书中一定有疏漏之处,敬请读者批评指正。

马　征

2020 年 3 月

江苏·镇江·江苏大学

# 目　录

# 第1章 绪 论

## 1.1 联合收获机结构及工作过程概述

联合收获机是现代农业生产中实现作物联合收获作业必不可少的典型农业装备。能够收获水稻、小麦和玉米的联合收获机可统称为谷物联合收获机。收获油菜的联合收获机一般由稻麦联合收获机改制而成,结构与谷物联合收获机基本类似。本书所述的联合收获机即指谷物联合收获机,根据行走底盘可大致分为轮式和履带式;根据喂入方式又可分为全喂入式(图 1-1)和半喂入式(图 1-2),其中,半喂入式机型均为履带底盘。

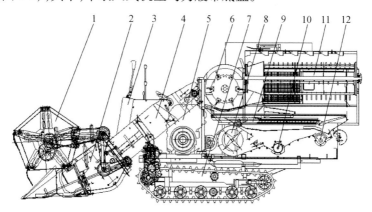

1—拨禾轮;2—割台;3—操纵系统;4—输送槽;5—发动机;
6—切流脱粒分离装置;7—底盘;8—风机;9—振动筛;10—输粮搅龙;
11—纵轴流脱粒分离装置;12—杂余搅龙。

**图 1-1 履带式全喂入式联合收获机结构示意图**

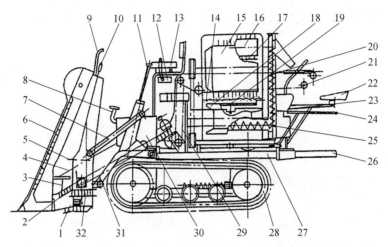

1—割刀；2—中间输送下链；3—拨禾星轮；4—中间输送上链；5—上输
送链；6—拨禾器；7—提升上连杆；8—脚踏；9—扶手架；10—割台离
合手柄；11—主变速杆；12—液压升降装置；13—驾驶座；14—凹板；
15—滚筒；16—副滚筒；17—副滚筒凹板筛；18—风扇；19—抖动板；
20—垂直输粮搅龙；21—脱粒夹持链；22—卸粮座位；23—发动机；
24—排草装置；25—水平输粮搅龙；26—粮台板；27—机架；28—履带；
29—二级夹持链；30—脚踏架；31—下提升杆；32—下横输送链。

**图1-2　半喂入式水稻联合收获机结构示意图**

　　联合收获的主要目的是通过一次收获作业得到作物的果实
（籽粒）。虽然联合收获机在行走底盘的结构形式、作物喂入方式、
整机布局和动力配置等方面存在差异，但其联合收获作业的基本
环节是一样的，普遍由切割、输送、脱粒分离、清选、输粮、集粮和排
杂等作业环节构成，不少机型还配备秸秆粉碎和抛洒装置。其中，
切割和输送环节主要实现作物的喂入功能，脱粒分离和清选环节
主要实现作物中籽粒与禾秆（杂草）的分离功能，输粮和集粮环节
实现籽粒的输运和收集功能，排杂及粉碎抛洒环节实现禾秆（杂
草）的还田功能。

　　在脱粒环节之前，作物虽然被喂入收获机中，但籽粒与禾秆尚
完好地连接在一起；在分离和清选环节之后，籽粒和禾秆（杂草）已

被彻底分离并各自进入下一个环节,因此,脱粒分离和清选是整个联合收获作业中承上启下的关键环节。同时,联合收获机的喂入量、脱净率、破碎率、含杂率和清选损失等核心关键指标也基本由脱粒清选环节决定,因而,脱粒分离装置和清选装置也普遍被视为联合收获机的核心工作部件。

## 1.2 联合收获作业中的堵塞问题

大田农业生产具有鲜明的季节性和区域性特征。一方面,在收获季,由于作物适收期的客观限制和部分地区茬口轮作的现实要求,联合收获作业在时间上普遍具有很强的紧迫性,必须在很有限的时间内完成尽可能多的收获作业,并在此基础上实现经济收益最大化;另一方面,受土壤、地理和气候等因素的影响,不同地区种植的同一类作物也往往具有较大的形状差异(例如,东北地区和华南地区种植的水稻在收获期内的草谷水分具有显著差异),要求联合收获机能够具有较高的适应性。

由于联合收获作业本身包含了若干个连续复杂环节,因而,任一环节出现问题都会影响整体收获效率和效果,其中,堵塞问题在实践中最为常见,理论上可发生在联合收获的任一环节。产生堵塞的原因不一而足,大体由机器设计因素、作物属性因素、机手操作因素等单一或多个因素引起。

具体到清选环节,笔者在过去十年研究过程中亲历的堵塞问题可分为 2 类:一类是由作物本身的湿黏属性引起的筛面黏附堵塞问题;另一类是由喂入波动较大和结构偏置引起的物料堆积堵塞问题。这两类堵塞问题都会直接导致清选效率下降和清选损失增加,严重时会使清选环节的作业效率和性能迅速恶化,造成大量的籽粒损失。

## 1.3 筛面物料潮湿黏连导致的黏附堵塞问题

农业物料筛分是农业生产中的重要环节。在联合收获机上广泛使用的农业物料筛分机构主要是典型的往复式直线振动筛,其结构简单、工作可靠,且能够满足一般的农业物料筛分作业要求。随着社会的进步与发展,现代农业的收获筛分作业出现了一些新的问题需要解决。

由于作物品种属性、区域气候条件和早晚温差等因素的影响,因而实际联合收获往往会遇到作物内部或表面水分较高的情况,此时收获得到的脱出混合物具有较高的湿度和黏性,很容易黏附在筛面并逐渐堵塞筛孔,造成清选环节的黏附堵塞问题。针对早晚温差造成的作物表面自由水增多(图1-3)的问题,收割机机手可通过在收获当天避免在过早和过晚的时间收获而解决。但由作物品种属性和区域气候条件因素而引起的情况就比较复杂,典

**图1-3　水稻秆叶表面的自由水**

型的2种代表是超高产水稻和长江中下游种植的油菜。在潮湿物料导致的清选堵塞方面,本书着重研究以油菜机械化联合收获中脱出混合物在清选筛面造成的黏附堵塞问题。

油菜是世界上最主要的经济作物之一,主要分布在亚洲、北美和欧洲。我国油菜籽产量和菜油产量均居世界首位,常年种植面积保持在720多万公顷,种植区域分布全国。《国家"十一五"科学技术发展规划》曾明确将油菜列为"粮食丰产科技工程"的六大主攻作物之一。针对国内食用植物油产需缺口不断扩大等问题,早在2007年9月14日,国务院办公厅就专门发布了《关于促进油料生产发展的意见》,明确指出将加大对油菜的扶持力度,提高单产,积极支持油料产业化经营。尤其是长江流域,随着农业产业结构的调整,油菜作为一种重要的经济作物,其种植面积和产量逐年

增加。

油菜为十字花科一年生草本植物,开花顺序:主茎先开,分枝后开;上部分枝先开,下部分枝后开;同一花序,则下部先开,依次陆续向上开放,因此油菜籽成熟度差异较大。油菜茎秆外壳粗硬,表皮有一层蜡,但内部组织松散,似海绵状,主要含碳源48%、氮源0.63%和矿物质5.71%,其中碳素大多以纤维素、半纤维素、木质素等大分子化合物存在。油菜角果为长条形,成熟后,由于角果壳失水收缩,因而能自动开裂(炸荚)。果身由假隔膜分成2室,位于角果壳内的油菜籽呈圆球形或卵圆形,紫褐色,由种皮、胚及胚乳遗迹三部分组成,一般含水6.5%～10.5%、油脂37%～48%、磷脂1%～1.2%、碳水化合物16.6%～38.6%、蛋白质19%～31%、灰分3.3%～7.5%及粗纤维4.6%～11.2%(以干基%计)。

长期以来,油菜收获仍以手工作业为主,不仅劳动强度大,劳动条件恶劣,而且作业效率低,质量差,损失率高达20%以上,收获周期长,很难满足规模种植的需求。近年来,随着国家的油料需求和市场对高品质商品化油菜籽需求的不断增加,大量种植的油菜迫切需要机械化收获。联合收获可一次完成切割、输送、脱粒、清选等多项作业,具有收获效率高、作业质量好、收获周期短、利于抢收等优点,符合我国国情,是油菜收获的主流发展方向。

近年来,随着相关政策的实施和科研工作者的不断努力,油菜生产机械化进程已经逐渐步入正轨,一些油菜联合收割机械已经投入使用,取得了一定的效果,但国内市场上出现的各类油菜联合收割机主要是在稻麦机型的基础上改制而成,带有一定的过渡性,没有充分考虑油菜的农艺特性及收获要求,很多机型还存在损失率高、清洁率低、籽粒破碎率严重超标等问题。

油菜机械化联合收获过程是将田间成熟油菜植株割下,经输送槽喂入脱粒装置,将油菜籽从角果中脱出,清选装置将干净油菜籽和杂余分离开来。油菜收获时,主茎秆含水率达50.6%～72.3%,角果壳含水率达54.1%～66.4%,籽粒含水率为24.8%～42.6%,角果成熟度差异显著。田间试验发现:连续收获作业中,油菜脱出混合物在清选时,其中的湿黏物质和轻质杂物容易黏附在筛面上,形成筛面黏附物,进而堵塞筛孔,甚至将筛面完全堵塞(图1-4),使筛面有效清选面积急剧缩小,清选筛的筛分能力迅速丧失,以致清选损失率大幅增加(超过10%),大量的油菜籽掉落在田间发芽出苗(图1-5),给后续种植带来困难。这已成为目前油菜联合收割机不能适应田间连续收获作业的一大顽疾,严重制约了我国油菜联合收割机的推广使用。

机器前进方向

(a)　　　　　　　　　(b)

**图1-4　油菜脱出物黏附堵塞在清选筛表面**

(a)　　　　　　　　　(b)

**图1-5　油菜机收损失过大导致田间大面积出苗**

因此,有必要进行油菜脱出物与清选筛面之间的减黏、减阻研究,研制出适宜连续收获作业的油菜清选筛面,从而促进我国油菜联合收割机的推广使用,提高我国油菜机的收率。

## 1.4　筛面物料偏置量大导致的堆积堵塞问题

国内外在谷物机械化联合收获方面始终朝着更加高效智能的

方向发展,其中高效是第一发展诉求,智能技术主要服务于高效收获这一目的。目前,欧美大型农机跨国公司开发的大型谷物联合收获机普遍能挂接 6 m 以上的宽幅大型割台(图 1-6),配备单纵轴流、双纵轴流或者切纵流多滚筒结构的复杂高效脱粒系统和 300 ~ 500 Hp(224 ~ 373 kW)的大马力发动机,普遍具有 12 ~ 15 kg/s 的大喂入量收获能力,最先进的高效机型甚至能够挂接 18 m 的超宽幅割台、配备 700 ~ 800 Hp(522 ~ 597 kW)的超大马力发动机,具备十分优越的超大喂入量收获性能。

(a) CLASS公司生产的LEXION-760型
谷物联合收获机

(b) 凯斯公司生产的AXIAL-FLOW- 7140型
谷物联合收获机

(c) 纽荷兰公司生产的CR-10.90型
谷物联合收获机

(d) 约翰迪尔公司生产的S660型
谷物联合收获机

**图 1-6 欧美大型谷物联合收获机**

欧美大型谷物联合收获机能实现大喂入量高效收获,有赖于各项具体先进技术的突破,而高效清选是必须突破的重要瓶颈之一。笔者认为,大喂入量高效收获将在以下 4 个方面对清选环节带来挑战:

① 大喂入量高效收获必须使用纵轴流脱粒分离技术,但纵轴流滚筒产生的脱出物分布具有先天的偏置分布特征,不利于清选筛面的高效均衡使用,且物料的偏置堆积易引发筛面堵塞问题。

② 大喂入量高效收获时整机各环节的物料通量都十分巨大,在清选环节筛面尺寸(筛长、筛宽)和运动参数(振幅、频率)变化不大的约束下,要求清选系统的处理效率增加 1~2 倍,处理不及时将迅速发生筛面物料堆积堵塞。

③ 大喂入量高效收获机的机型普遍使用于大型农场的开阔地形环境(尤其是种植小麦、玉米和大豆等旱作物的土地)时,较大概率会遇到地面起伏和斜坡收获的情况,此时筛面物料将显著地产生偏置堆积,同样易引发筛面堵塞问题。

④ 收获机实际喂入量均在一定范围内波动,在波动范围一样的情况下(如均为 ±10%),大喂入量高效收获时各环节产生的负荷波动绝对值将是原来的 1~2 倍,筛面物料(尤其前端)的显著波动同样易引发筛面堵塞问题。

近年来,我国联合收获机的喂入量和收获效率也在不断提高,主流机型的喂入量普遍从 1.5~2.0 kg/s 增加到目前的 4.0~5.0 kg/s。同时,各类全喂入机型(包括轮式机型和履带式机型)也广泛地采用了纵轴流脱粒分离技术。如前所述,使用纵轴流技术产生的脱出物到达清选筛面时的天然具有偏置分布特征,这对清选环节带来较大压力。图 1-7 所示为目前使用较多的纵轴流机型结构及其对应筛面物料的偏置分布特征。此时传统的等振幅往复筛分方式并不能较好地适应这一物料分布特征,易出现物料偏置堆积堵塞问题。显然,这些在收获作业清选环节面临的新问题并不能简单地通过增加清选筛的面积而加以解决。

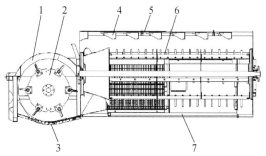

1—切流滚筒顶盖；2—切流滚筒；3—切流滚筒凹板筛；
4—纵轴流滚筒导流板；5—纵轴流滚筒顶盖；
6—纵轴流滚筒；7—纵轴流凹板筛。

(a) 纵轴流脱粒分离结构示意图

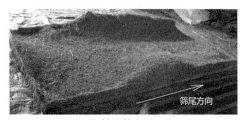

(b) 纵轴流筛面脱出物

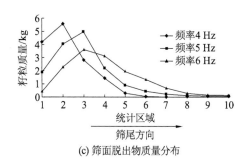

(c) 筛面脱出物质量分布

**图 1-7 纵轴流滚筒下方清选筛面脱出物质量分布**

## 1.5　现代仿生技术及其在农业工程领域的应用

近年来,仿生学的研究突飞猛进且成果显著。人类通过向生物学习,在很多寻常的现象中发现了不寻常的科学规律和技术手段,通过提炼改造与应用成功地解决了很多广泛存在于工农业生产、竞技体育、国防工业及日常生活等领域的疑难问题,仿生学也因此成为一门涉及面广、研究潜力大、学科交叉强的前沿热门学科。仿生研究包含狭义和广义两个层面,前者指"纯模仿"式的仿生,即纯粹复制生物的某些特性,后者指"受启发"式的仿生,即在学习生物特性的基础上根据实际情况变通地、有选择性地进行模仿。

应用仿生技术或仿生思维解决农业科技问题的例子并不鲜见。我国古代就曾有仿生疙瘩犁的应用,用于解决湿黏土壤的黏附问题。近三十年也涌现了很多借助仿生学的研究成果和启发而开展的应用研究。国内外农业装备领域的仿生研究已广泛涉及流体机械、水田机械、耕作机械和收获机械等多个细分领域,具体功效也涉及降噪、增力、减阻和耐磨等多个方面,在仿生形式上以表面仿生和运动仿生居多,模仿对象包括鸟类、家畜、昆虫和爬行动物等多个种类。这些研究通过模仿和学习生物的天然特性解决或缓解了农业装备领域的很多实际问题。

国内外学者对油菜脱出物在筛面上的黏附堵塞的研究较少。油菜脱出物在筛面上的黏附堵孔问题属于湿黏的农业物料与运动的金属部件之间的黏附摩擦问题。仿生非光滑表面减黏减阻理论与技术已成功地在工业、农业、国防、体育等多方面得到了研究和应用,解决了诸多黏附摩擦问题,其中就包括湿黏的土壤与运动金属部件之间的黏附摩擦问题。吉林大学地面机械仿生团队受蝼蛄等土壤动物在潮湿介质中不易被黏连的启发,相继研究出了具有仿生非光滑表面的仿生型、仿生推土板等农业装备。笔者的相关研究表明,表面仿生研究中的非光滑减黏减阻理论与技术对油菜物料的筛面减黏减阻研究具有重要借鉴意义。

同时,目前广泛使用的农业装备还体现着运动仿生的思想,尤其是模仿人类从事劳动生产时的工作方式,例如,半喂入联合收获机的夹持输送机构仅使作物茎秆穗头进行脱粒的工作方式就是受人工手持谷物茎秆仅使穗头在脱粒机上进行脱粒的工作方式启发而来的;插秧机、移栽机的秧苗夹持栽插机构则几乎是直接模仿了人类的秧苗栽插动作。笔者的研究表明,运动仿生的思想对解决筛面物料偏置量大导致的堆积堵塞问题同样具有重要的启发意义。

### 1.5.1 仿生非光滑表面对流体介质的减黏减阻研究

美国、德国、日本等国的学者先后进行了海洋生物体表和植物叶表面的仿生研究。1936 年,Gray J 发现了海豚的实际游泳速度和生理上所能达到的游泳速度之间存在着巨大的差别。经过多年的研究,理论学家和试验学家共同证明:当海豚游动时,随着滑过海豚体表的水流剪切阻力增大,海豚皮肤逐渐由光滑转变成具有一定几何形状的非光滑形态,实现减阻。随后,这一技术被澳大利亚 Speedo 公司所采用,该公司研制开发了 Fastskin 系列的布料与泳衣,帮助了世界上许多优秀游泳运动员获得佳绩。德国科学家Nitschke 等对鲨鱼的皮肤进行细致的观察和研究发现:鲨鱼皮肤表面具有典型的冠状结构,每一块冠状组织上有 3 ~ 5 个径向沟槽(图 1-8),研究证实当紊流流经这种具有纵向沟槽的非光滑表面时会比流经光滑表面时产生的剪切阻力要小。这一研究成果已被应用制成相关仿生制品(图 1-9)。

**图 1-8 鲨鱼皮肤表面的径向沟槽**     **图 1-9 鲨鱼皮肤的仿生制品**

江苏大学的丁建宁教授等用原子力显微镜观测了竹叶青蛇、

短尾蝮蛇和赤链华游蛇腹鳞表面的超微结构,发现蛇腹鳞表面的超微结构均为微凸体(图1-10)、微孔和凹坑周期排列的规律结构,蛇表皮鳞片上典型微观结构增强了表面的疏水性、润滑功能和表面清洁,腹鳞表面的疏水性减小了两个接触表面间水膜的毛细管力,表面的微凸体破坏了水膜的连续性,这两者均减小了表面间水的黏着力;腹鳞表面的微凸体减小了接触表面间的实际接触面积,有利于减少黏着力。

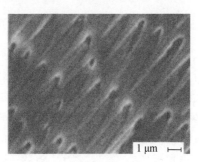

**图1-10 水蛇腹鳞表面的微凸体**

吉林大学田丽梅、张成春等将工程仿生学理论与表面非光滑结构减阻的思想应用于以空气为介质的流体介质中,利用理论分析、风洞试验和数值模拟等手段对旋成体仿生非光滑表面的减阻特性及流场控制减阻进行了深入研究,试验得到所制具有仿生凹坑和凹环的旋成体(图1-11)分别可减阻1.64%和1.70%。吉林大学梁桂强对典型动物猫头鹰的无声飞行机理进行了分析和研究,应用仿生改形技术,模仿猫头鹰羽翼的结构形状,设计并制作具有非光滑表面形态的风机叶片(图1-12),通过风洞试验,探索非光滑表面形态的降噪规律,以及影响声压级、风量和效率的主次因素。风洞试验表明:在高转速范围内,非光滑表面形态风机所产生的噪声比光滑表面形态的风机要小,且齿数是影响风机噪声的主要因素。吉林大学张春华博士从体表生物特征出发,对信鸽的表面形貌数字特征进行了研究,分析了信鸽体表的分形特性,运用仿生耦合思想,设计出了具有非光滑结构的耦合功能表面(图1-13),通过数值模拟揭示了仿生耦合功能表面的减阻机理,通过风洞试验测试,分析了原型风扇与仿生耦合风扇在阻力、噪声、效率及风量等气动参数方面的差别,证实了仿生耦合风扇具有减阻降噪功能。

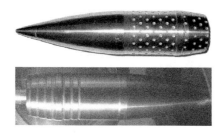

图 1-11 具有仿生凹坑与凹环的旋成体

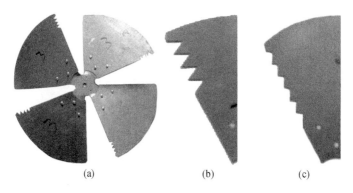

(a)               (b)               (c)

图 1-12 加工有不同仿生非光滑锯齿形态的轴流风机叶片

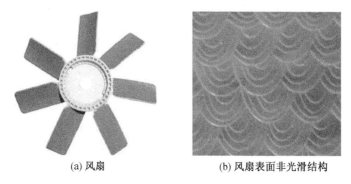

(a) 风扇               (b) 风扇表面非光滑结构

图 1-13 具有非光滑结构耦合功能表面的风扇及风扇表面的非光滑结构

浙江大学汪久根等对鱼鳞的牺牲性黏液减阻和表面切向流减阻原理进行了分析,进而提出了仿鱼鳞的表面减阻设计方法与思路。吉林大学任露泉院士等还将仿生非光滑技术应用到离心式水泵上(图1-14),通过仿生非光滑表面结构改变泵内水流结构,从而减小固液界面的阻力达到水泵增效的目的,正交试验的结果表明某些仿生非光滑结构对水泵的增效能够起到十分显著的作用。

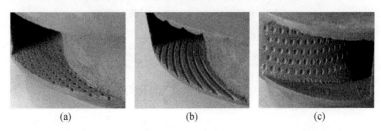

(a)      (b)      (c)

**图 1-14　加工有仿生非光滑表面的离心式水泵**

### 1.5.2　仿生非光滑表面对湿黏散粒体的减黏减阻研究

地面机械经常接触各种土壤,有的以土壤为工作对象,有的以土壤为工作介质,由于土壤普遍具有湿黏特性,地面机械的很多触土部件(如推土机的推土板、犁耕机组的犁面、底盘行走装置中的履带等)经常被湿黏的土壤所黏附,以致工作效率降低,影响机具正常工作。经过亿万年的进化,典型土壤动物(如蜣螂、蚯蚓等)体表的许多部位虽然经常与湿黏的土壤或粪便直接接触,却不会黏连土壤或粪便,其优异的减黏自洁功能归功于其体表的非光滑结构(图1-15)。吉林大学任露泉院士、佟金教授等对典型土壤动物的研究表明,生物体表的良好的疏水疏油特性和几何非光滑形态是土壤动物能对湿黏物质减黏减阻的重要原因。蜣螂之所以能够减黏减阻,除了因为其体表是疏水材料外,还由于蜣螂体表在纵向剖面上是波纹状。由于黏性土壤的片状结构,当土垡在其表面运动时,不断受到突起部分的作用,极易使凹处形成无土区,即使对含水量较多的黏性土,也会使水膜不易连续,使蜣螂体表的实际触土面积减小,从而减小土壤的黏附力;对于土壤含水量较少的黏性土,蜣螂体表凹处不仅无土少水,而且易储满空气,使其体表与土壤表面间存在空气膜,减小摩擦系数。该原理已被应用于仿生推土板、仿生犁等地面触土机械的部件上(图1-16),试验表明能节省油耗5.6%~12.6%,减小阻力15%~18%。因为不同的地面机械材料与土壤的黏附力和疏水性是不同的,所以改变地面机械触土部位的表面材料,如采用复合材料涂层和搪瓷涂层等,也同样能起到减黏脱附的作用。华中农业大学汲文峰等试制了具有仿生锯齿形态的旋耕碎茬刀片并进行了田间试验,试验结果表明仿生刀片的切土功耗小于国标旋耕刀。

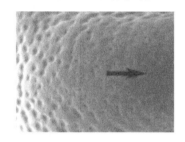

图1-15　蜣螂体表的非光滑结构

图1-16　加工有表面凸包的仿生推土板

例如,煮饭的过程中,最初呈离散状的米粒会逐渐变为粘连在一起的米饭,而且经常与锅底、锅壁形成难以清理的锅面黏附物。受土壤动物对湿黏土壤减黏自洁的启发,吉林大学郭蕴纹、葛亮等从工程仿生学的角度出发,结合仿生学的相关理论,根据生物体表的减黏、脱附、自清洁功能,从表面改形和表面改性两方面对炊具表面进行非光滑尺寸的优化及疏水功能表面的研究(图1-17),建立非光滑复合界面,减小其表面张力,形成疏水性表面,实现不粘炊具更加优良的减黏、防粘性能,并通过黏附特性测试系统进行米饭与锅底之间的黏附力试验,研究仿生不粘炊具表面非光滑单元体分布密度、高度、直径对黏性米饭黏附力的综合作用和非光滑单元体最优尺寸分布,通过数值模拟的手段进行仿生非光滑样件模型热传导的三维有限元模拟,分析仿生非光滑形态的热传导性能,对非光滑和光滑锅底的传热性能进行比较研究。

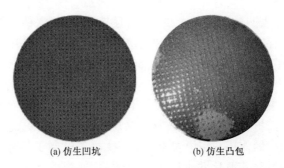

(a) 仿生凹坑　　　　　(b) 仿生凸包

**图 1-17　分别加工有仿生凹坑和仿生凸包的电饭锅内胆底面**

2006 年和 2007 年泰国亚洲技术中心农业系统与工程所的 Soni P 等和日本京都大学的 Nakashima H 受蜣螂优异脱土特性的启发,使用超高分子量的聚乙烯材料制作了几种不同尺度、不同分布尺寸的凸包安装在犁体表面并进行了对比试验研究,考察了凸包几何形态中的高度直径比(HDR)对其减阻作用的影响以期获得合适的凸包几何结构;2009 年意大利的 Alessandro Gasparetto 等根据蜘蛛对各种表面既有良好的吸附能力又有良好的脱附能力的特点,建立了模仿蜘蛛足底毛细结构的物理几何模型并进行了理论模拟分析,同时将分析的结果与壁虎足底的分析数据进行了对比,最后就蜘蛛为何能够容易迅捷地脱附提出了一种可能的解释;2013 年斯洛文尼亚的 Tomaž Šuklje 等根据仿生原理研究了一种由仿生绿叶组成的垂直绿圃在人造微空气环境(温室)中的降温缓流增湿作用,研究结果与仿生绿莆和真绿莆之间的热力控制性能相吻合。

## 1.6　国内外农业物料筛分研究现状及分析

### 1.6.1　国内方面

(1) 筛分机构研究

2004 年河南机电高等专科学校的李长胜等分析了直线振动筛筛箱质心的计算公式,通过计算机辅助给出了筛箱质心的计算实

例;2008 年江苏大学的刘剑敏等设计了一种两平移两转动的并联
筛分机构,通过转换矩阵对其进行了运动学建模并给出了其正解
和反解的推导过程与结果;2013 年常州大学邓嘉鸣等提出了一种
基于单自由度两回路空间机构的并联振动筛,给出了其拓扑结构
分析、运动学分析及针对筛面轨迹的仿真优化结果,试验对比分析
了并联振动筛与传统直线振动筛的筛分性能。1984 年新疆八一农
学院的沈达智以振动频率、加速度大小与方向、气流速度等因素为
运动学参数,以清选质量为优化目标,通过试验对清选机构进行了
优化;2003 年江苏大学王志华等使用多体动力学软件 ADAMS 对联
合收割机的振动筛机构进行了虚拟设计与动态仿真,考察了筛面
加速度的变化规律,选出了机构的关键参数,使用 Fortran 语言对脱
出物运动进行了分析计算;2007 年吉林大学张学军等研究了残膜、
残茬与土壤的分离筛机构,使用动力学软件仿真分析了分离筛机
构的运动学和动力学规律,优化了其结构参数与运动参数。2011
年和 2012 年江苏大学的王成军等采用并联机构理论先后设计了
一种三自由度混联振动筛和一种三平移一转动的四自由度并联振
动筛分试验台(图 1-18),并以典型的农业物料为对象进行了物料
分散试验。

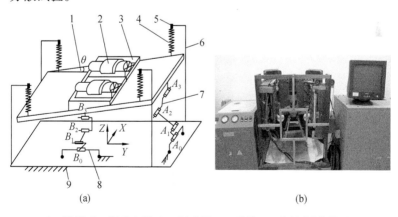

(a)　　　　　　　　　　　　　　(b)

1—筛箱;2—振动电机;3—振动梁;4—弹簧;5—倾角调节装置;
6—支撑架;7—纵向振动链;8—横向振动链;9—底座。

**图 1-18　并联筛分机构**

（2）筛分颗粒运动研究

2007 年江苏大学的李耀明等推导了物料与简谐振动筛面之间的二维映射,以振动频率为控制参数分析了映射不动点的稳定性,得出了物料运动由倍周期分叉通向混沌的非线性运动规律（图1-19）。1984 年黑龙江省农副产品加工机械化研究所的王庆山对往复振动清选筛的筛体运动和谷粒沿筛面的运动情况做了理论分析,探讨了吊杆配置对筛体运动的影响;1992 年佳木斯工学院的郝心亮等在对筛面农业物料的运动进行理论分析的基础上,提出了一种基于 BASIC 语言的筛面物料运动计算机解法;2009 年江苏大学的李耀明等对目标颗粒进行染色并高速摄像,使用基于颜色特征的 Mean Shift 算法对目标颗粒进行跟踪,获取了物料在风筛式清选筛面的实际运动轨迹。1990 年东北农业大学的蒋亦元等分析了颗粒质点沿圆筒筛外表面运动的规律,通过高速摄像定性地验证了理论分析的结果;1997 年浙江农业大学的赵匀等对振动筛面物料颗粒运动进行了动力学分析,推导了物料抛起时的临界特征式,通过计算机模拟得出了振动参数与特征值之间的关系曲线;2007 年江苏大学的李耀明等采用虚拟样机技术对单个油菜籽粒在风筛式清选装置中的运动规律进行了仿真试验,分析了各参数对油菜颗粒运动的影响。

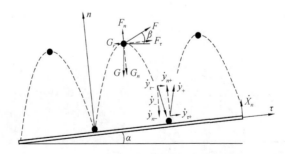

**图 1-19　颗粒在筛面的碰撞运动模型**

1964 年中国农业机械化科学研究院的萧林桦分析了谷粒混合物在筛子前后部分的不同表现规律,并提出筛前端的摆幅应较后部大一些;1983 年中国农业机械化科学研究院的施小伦推导了颗粒质点在圆筒筛面上的运动数学模型,通过数值计算对其运动学规律进行了分析;1991 年洛阳工学院的貌建华等理论分析了圆筒筛上的物料颗粒运动分离轨迹,通过高速摄像技术和图像处理技术对圆筒筛内的物料运动轨迹进行测定与分析。

1986 年中国农业工程设计研究院的赵如芬等对单个颗粒在筛面和气流双重作用下的运动过程进行了理论分析,并研究了筛面结构参数和运动参数对物料清选效果的影响;2007 年江苏大学的李耀明等在分析筛面抛射强度对油菜物料运动影响的基础上,建立了基于碰撞理论的油菜颗粒筛面运动模型并进行了运动稳定性分析;2007 年河南理工大学的焦红光等基于离散元理论,使用 VC++. NET 工具自主开发了用于物料筛分模拟的二维离散元仿真软件 SieveDEM,并进行了颗粒筛分模拟试验,模拟结果与实测试验的结果基本吻合。2006 年华南农业大学的蒋恩臣等依据流体力学和湍流理论建立气相湍流模型,依据牛顿第二定律建立离散相的固相模型,对具有气流吸运系统的联合收获机惯性分离室内部农业物料颗粒进行了气固两相流数值模拟,得到了颗粒群沉降和分离运动过程;2012 年江苏大学的李洪昌等采用计算流体力学和颗粒离散元技术进行气固耦合的方法对物料颗粒在风筛式清选装置中受气流场和筛面双重作用下的运动过程进行了数值模拟研究,并通过实测试验对模拟结果进行了验证(图 1-20)。

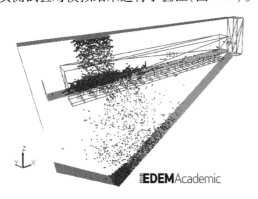

**图 1-20　EDEM－CFD 耦合计算颗粒运动**

（3）筛分气流场研究

1982 年中国农业机械化科学研究院的董国华等理论分析了气流速度、气流方向和物料离开抖动板时的初速度及其方向等参数对物料运动轨迹的影响,并分析计算了混合物料中各成分被吹出筛面时的临界风速,进而对筛面气流场的分布状态及其对混合物料的影响进行了理论分析;2009 年金华职业技术学院的陈霓等针对脱出物从横轴流脱粒装置下落到清选筛时易堆积在筛面入口段的情况,提出了非均布气流清选原理,并设计了用以产生非均布气流的圆锥形离心风扇,使筛前部出现较大的横向风速;2009 年江苏大学的李耀明等在 DFQX-3 型物料清选试验台上,通过空间布点的方式测量了筛面不同位置的气流速度,并根据测量结果得出了清选室内的气流场分布图,分析了典型风筛式清选装置的筛面流场分布规律。1999 年浙江农业大学的成芳等理论分析了良好风筛式清选装置筛面流场的基本条件,并通过试验测试了动态和静态条件下有物料负荷时的筛面流场,分析了物料负荷和鱼鳞筛开度等对筛面气流场的影响。

2013 年南京农业大学的李骅等以出风口倾角、风机转速和鱼鳞筛开度等为控制参数,在 Fluent 软件中对清选室内的气流场进行了正交仿真试验,并分析了控制参数对流场的影响,优化了控制参数的合理取值。2011 年江苏大学的李洪昌等在清选试验台上进行了气流场测定试验和水稻清选试验,并利用 BP 神经网络技术对清选室气流场进行研究,建立了风力因素、气流场和清选效果之间的神经网络模型,有效地验证了神经网络技术在清选室气流场研究中的预测和控制作用。2010 年江苏大学的唐忠等通过对实测的清选室气流场进行等速线绘制,获得了气流场内涡流位置,分析了风机转速和出风口倾角对涡流位置的影响,并通过对比试验指出涡流位置的变化对清选清洁率和籽粒损失率有较大影响。1996 年洛阳工学院的谢金法等采用气压测定、棉线指示和摄像等方法对双风道三圆筒筛清选机构内部的气流场进行了试验研究与分析,获得了气流场内部特点及圆筒筛转速对气流场的影响。

（4）筛分参数试验与优化

1998 年浙江农业大学的成芳等通过对风筛式清选装置单因素试验结果进行回归建模分析和优化设计,得出了风筛式清选装置的优化工作参数并进行了实测试验验证,并进一步分析了物料状态和喂入量对清选性能的影响;2004 年武汉工业学院的李智等运用蚁群算法编制了往复振动筛运动参数计算程序,通过对筛分运动典型运动参数的优化设计得出了物料沿筛面的平均推进速度和振动惯性值;2009 年安徽农业大学的李兵等通过建立优化设计模型,同样运用蚁群算法对茶叶抖筛机的筛床倾角、振动方向角、曲柄半径(振幅)和运动频率等筛分运动参数进行了优化仿真计算和实测试验验证,有效提升了筛分效率。1990 年东北农学院的孙秀芝等通过大量的试验与分析,对农业物料往复筛分中筛面面积、筛面长宽比与筛分性能和喂入量之间的关系进行了研究和优化,得出了最佳的筛面长宽比;1996 年浙江农业大学的成芳等对轴流式脱粒的小型联合收割机风筛式清选装置进行了研究,分析了其中脱出物分离过程及其在筛分过程中的运动过程和对气流场的要求,再通过试验研究分析了清选功耗;2005 年江苏大学的陈翠英等在获得油菜脱出物基本机械特性的基础上,建立优化目标函数,采用 ADAMS 软件对油菜联合收割机振动筛的多个参数进行了优化仿真并依据实测试验进行验证。

**国内农业物料筛分研究分析**

国内农业物料筛分方面的研究工作主要涉及筛分机构、颗粒运动、气流场和参数优化等,研究大都基于最为典型的往复式筛分机构;其次涉及并联机构和圆筒筛。研究目的主要是降低籽粒清选损失率和提高筛分效率,研究手段主要采用试验、仿真和理论分析。

研究整体反映出两个特点:① 国内农业物料筛分方面的研究工作普遍着眼于筛面整体或整个清选室,仅少量研究注意到了筛面局部的不同需求;② 近年来随着并联机构的研究热潮,不少学者对农业物料的筛分引入了多自由度的并联驱动机构并进行了相关研究,但受限于空间和运动控制的复杂性,实际农业物料筛分中使用并联机构的报道还较少。

根据前述文献综述可知,农业物料筛分方面的研究需要注重两个方面:① 农业物料筛分研究应以具体问题为导向进行针对性的研究,不应流于空泛和形式;② 无论采用何种机构形式或从哪个角度进行研究,都应将颗粒运动作为农业物料筛分研究的核心关注点。

### 1.6.2　国外方面

#### (1) 筛分传感监测和谷物流研究

2004 年比利时天主教鲁汶大学农机加工实验室的 Maertens K 等以传统的纽荷兰 CX820 型联合收割机为试验平台(图 1-21),利用在其机身上装备的能够监测实际割幅、喂入量和分离量的传感器,基于离线非线性相关分析和在线准牛顿优化方法开发了能够估测谷物分离能力的递归算法,进而揭示田间工况与收割机分离能力之间的关系。2007 年比利时天主教鲁汶大学的 Geert Craessaerts 等和凯斯纽荷兰公司(CNH)的 Bart Missotten 为了研究联合收割机复杂的清选过程,基于从多个测量仪器获得的联合收割机工作参数,分别采用自然选择法和非线性多项式遗传回归算法对影响籽粒清选损失的多个参量和影响脱出物含杂量的多个参量进行了排列选择,进而用于建立能够描述联合收割机清选过程的遗传算法模型。他们在 2008 年和 2010 年还考察了上下鱼鳞筛开度、风机转速及喂入量等对谷物含杂量的影响,并先后建立了分别用于预测谷物含杂量和籽粒清选损失的非线性模糊控制模型,力图提高联合收割机清选部分的自动化程度,减轻驾驶员的劳动强度。

(a) CX820型联合收割机

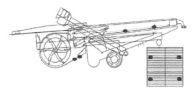
(b) 清选部分的传感器布置

**图1-21 纽荷兰 CX820 型联合收割机及其清选部分的传感器布置**

2009 年比利时天主教鲁汶大学的 Carmen Wallays 等为了研究能适应低含杂率的脱粒清选在线调控,通过建立各目标物的训练集,研究选择了能够反映足够信息的 5 个光谱波段(400 ~ 900 nm),开发了一种能够最大限度区分谷粒和杂草的多光谱可视传感技术,基于该技术手段,通过计算图像中杂质的像素比例推算样本中的杂质质量比重;2001 年比利时鲁汶大学农业工程与经济系的 Maertens K 等和控制工程与自动化系的 Keyser R De 对包括清选环节在内的联合收割机谷物流进行了理论建模与分析,试图分析各个参数的变化对整个谷物流系统的影响,仿真结果表明收割机内部的谷物回流及物料速度对整个谷物流系统有明显影响。2000 年美国爱荷华州立大学农业生物系统工程系的 Selcuk Arslan 等采用 X 射线技术对谷物流进行了测试,研究发现当谷物流速在2 ~ 6 kg/s 时谷物流速与 X 射线密度有较强的相关性,流速越高需要的 X 射线能量越高,且检测基本不受谷物含水率和谷物流形状的影响。

(2) 气流场研究

2010 年比利时天主教鲁汶大学的 Mekonnen Gebreslasie 等和机械工程系的 Martine Baelmans 采用计算流体力学模拟和试验的方法,以联合收割机上具有两个平行出风口,且叶片为前曲式的离心风机为研究对象,研究了混流入风开口对其流场的影响,仿真结果和实测试验的对比表明,仿真分析具有较高的可信度;2010 年比利时天主教鲁汶大学的 Geert Craessaerts 等为了提高联合收割机清选部分的自动化程度,基于驾驶员经验操作数据库和模糊控制技术,以合乎规定的清选损失和含杂率为优化目标,以风扇转速和上下鱼鳞筛开度为调控参数,研究开发了一种联合收割机清选过程模糊控制系统,田间试验表明该系统的效果和鲁棒性较好;2010年比利时天主教鲁汶大学机电传感生物统计系的 Mekonnen Gebreslasie Gebrehiwot 等与机械工程系的 Martine Baelmans 采用热线风速仪和 CFD 技术对用于联合收割机谷物清选的贯流风机(cross-flow fan CFF)气流特征进行了研究,被研究的 CFF 风机具有不同涡流壁面位置,研究着重关注不同的涡流以避免对风机性能的影响及对双出风口产生均衡分流气流的影响,研究表明二维 CFD 模型能够较好地达到研究目的,且涡流壁面的位置对贯流风机性能和双出风口的平稳分流有着十分显著的影响。

2013年希腊农业生态技术与管理研究中心的 Bartzanas T 和美国亚利桑那大学农业与生物系统工程系的 Kacira M 等总结归纳了计算流体力学及其仿真技术在提高谷物生产效率方面的应用,其中包括 CFD 技术在联合收割机清选风扇气流场方面的应用情况(图1-22),例如,1986年美国学者 Streicher 等在收获小麦时以不含谷物的脱出物(material other than grain,MOG)为对象通过在多个位置测量清选气流速度发现,当脱出物总量增加时,清选气流速度总体上是下降的,但当脱出物总量不多不少时,尾部的清选气流会轻微上升;1995年美国学者 Peters 提出了一种在几何上改进的叶片式风机,该风机具有两个出风口,为了增加气流循环,其中一个出风口具有两个通风管道;1997年美国学者 Jonckheere 提出了一种离心风机,该风机除了具有传统的侧边进风口之外,在全部宽度范围上具有贯流式入风口,装有螺旋形的叶片并具有两个出风口。

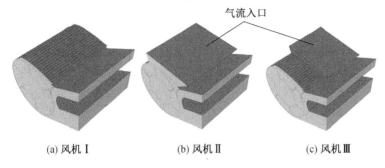

(a) 风机 Ⅰ       (b) 风机 Ⅱ       (c) 风机 Ⅲ

图 1-22　三种形式的混流风机

（3）农业物料基本特性研究

2007 年埃塞俄比亚 Alemaya 大学的 Zewdu 为了促进机械化联合收获，对该国主要谷物苔麸（ttef）的谷粒和茎秆进行了空气动力学（漂浮速度）测定与分析，研究表明谷粒漂浮速度随其含水率的增加而线性增加，茎秆节点的有无及其位置对茎秆的漂浮速度也有明显影响；2003 年和 2004 年日本九州大学的 Hirai Y 等采用新开发的试验系统（含高速摄像和应力测试）对由联合收割机获得的水稻和小麦茎秆在 5 种动态加载条件下进行了水平方向和垂直方向上的准静态弯曲应力响应试验与分析（图 1-23），研究表明当动态加载速度增加时，茎秆在水平方向和

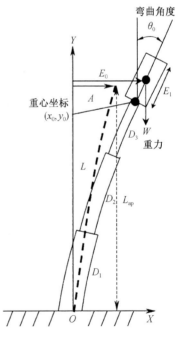

图 1-23　水稻茎秆力学模型

垂直方向的应力分别存在一个正向的和负向的峰值，这与其通过建立物理几何模型后模拟计算出的结果有较大差异。

2014 年比利时鲁汶大学的 Nona 等在总结各种生物质建模技

术的基础上选择了最有用的一种用于建立小麦茎秆和干草的整体压缩模型并进行了压缩特性分析,研究有利于揭示农业物料压缩过程中的时变参数特性和弹性压缩特性。2014 年澳大利亚的南澳大利亚大学的 Berry 等为了控制当地一种难以被除草剂除去的杂草生长,基于在联合收割机清选环节结束之前就搜集该杂草种子予以破坏以免其落地后生长的思路,采用专用的冲击试验设备对该杂草种子的冲击特性进行了冲击破坏试验,分析了冲击破坏该杂草种子所需的能量。2002 年美国特拉华大学的 Kemble 等通过室内试验和田间试验研究改进了洋麻的收获技术,研究指出在洋麻的田间收获中,物料密度小导致洋麻物料的田间转移运输成本高,而利用联合收割机茎秆分离技术则可以将该成本降低 50%。2015 年比利时鲁汶大学的 Leblicq 等为了促进茎秆作物收获技术的进步,对茎秆作物的折弯破坏响应进行了力学建模与分析,该研究指出小麦和大麦的茎秆折弯行为与钢管的折弯行为十分类似,作物种类、生长环境、茎秆直径及杆壁厚度对其折弯响应具有明显影响。

**国外农业物料筛分研究分析**

通过以上文献综述可知,国外在农业物料筛分方面的研究工作总体呈现两方面特点:① 涉及农业物料筛分(或清选)的研究普遍是作为田间联合收获作业系统中的一部分而出现的,鲜有单独开展筛分研究的,这反映出欧美等农机发达区域在涉农研究方面已普遍上升到系统研究的层面;② 很多研究是基于机器在田间真实作业情况下获得的多传感信息而展开的,因此,研究过程和结论更加切实可信,反映出欧美在农机研究方面更加贴近实际、务求真实的研究取向。

## 1.7　小结

本章首先概述了联合收获机的基本结构和全部作业环节,并指出了脱粒分离和清选装置的重要性,然后提出了联合收获作业中普遍面临的物料堵塞问题及其宏观因素,并着重阐述了联合收获清选环节中的两类具有代表性的堵塞问题,即由作物本身的湿黏属性引起的筛面黏附堵塞问题和由喂入波动较大和结构偏置引起的物料堆积堵塞问题,同时提出了大喂入量高效联合收获对清选环节带来的挑战。在此基础上,本章还综述了现代仿生技术及其在农业工程领域的应用现状和国内外农业物料筛分研究现状,并对相关研究现状进行了分析,指出了现代仿生研究与农业物料筛分研究相结合的潜在前景。

# 第一部分

## 油菜黏筛堵孔问题及仿生防堵研究

　　本书第一部分将以油菜物料为潮湿物料代表，针对油菜联合收获中筛面易出现黏附堵塞的问题，研究分析油菜脱出物的成分、摩擦、黏附等基本特性，并从表面仿生的角度探讨非光滑表面结构对潮湿油菜物料的减阻防堵效果及内在机理。

# 第2章 油菜筛面黏附物形成过程及基本特性研究

油菜筛面黏附物,是指田间收获时黏附在油菜联合收获机清选筛面上导致筛孔堵塞的一部分细小油菜脱出物。从研究需要出发,同时考虑试验的便捷与可操作性,本章首先根据多次油菜联合收获试验的实际情况分析油菜筛面黏附物的形成过程,进而对油菜筛面黏附物结构、各成分尺度分布和表面浸润特性等进行探索与分析,为后续研究提供参考。

## 2.1 油菜筛面黏附物形成过程分析

通过对油菜筛面黏附物的形成过程进行多次田间跟踪与观察,发现油菜筛面黏附物的形成是一个由微观到宏观、由少量到大量、由局部到全部的渐进过程。为了更直观地展示筛面黏附物的形成过程,根据田间跟踪试验所拍摄的照片,将筛面黏附物的形成过程大体分为微附阶段、黏附阶段、强附阶段和堵塞阶段,共 4 个阶段。

① 微附阶段:尺度非常细小的脱出物成分开始黏附于筛面上,细小成分黏附筛面后不仅增大筛面的黏附能力,还总体增大了筛面的粗糙程度,使脱出物与筛面间的摩擦增大,利于黏附的发生(图 2-1a)。

② 黏附阶段:已经开始有尺寸稍大和较大的脱出物成分黏附于筛面上,筛面状况进一步恶化,但对清选指标尚未形成明显影响(图 2-1b)。

③ 强附阶段:筛孔之间的筛面已完全被尺寸较大的脱出物黏

连覆盖,筛孔还能勉强工作,筛面状况显著恶化,清选损失增大(图2-1c)。

④ 堵塞阶段:筛孔已经被部分或全部堵塞,筛面已部分或全部丧失筛分能力,筛面状况极度恶化,清选损失显著增大(图2-1d)。

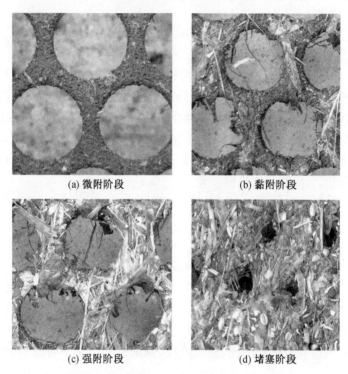

(a) 微附阶段

(b) 黏附阶段

(c) 强附阶段

(d) 堵塞阶段

**图 2-1　油菜脱出物在清选筛面的黏附过程**

田间跟踪发现,由于油菜茎秆含水率高,质地脆,高速旋转的脱粒滚筒容易将其打碎,同时部分未成熟的青油菜籽很容易破损。从脱粒装置的凹板分离出来的油菜脱出混合物(简称脱出物)包括:油菜籽、茎秆、角果壳、轻质杂物及附着在油菜籽、茎秆和角果壳上的液体(称为湿黏物质)。其中轻质杂物主要为碎茎秆、茎秆内部的海绵状物质、角果壳、假隔膜上被打击下来碎屑和少量的碎杂草、灰尘等,这部分轻杂质尺寸小、质量小;湿黏物质主要为破损油菜籽中的油脂、碳水化合物、蛋白质和茎秆中被打击出来的自由水等。油菜脱出物中油菜籽、茎秆、角果壳的空气动力学特性(漂浮系数)差别不明显,风选作用大大减弱,因此油菜脱出物清选要比稻、麦困难。

## 2.2　油菜筛面黏附物的结构

### 2.2.1　试验设备简介

研究采用 SMZ1000 变焦体视显微镜观察油菜筛面黏附物的结构(图 2-2)。SMZ1000 变焦体视显微镜具有极佳的光学性能、强大的系统可扩展性等特点,有多种目镜筒可供选择,通过各种部件组合可以实现 4～540 倍的综合放大倍数。

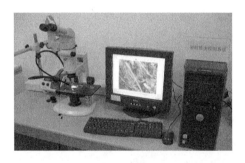

**图 2-2　SMZ1000 变焦体视显微镜**

### 2.2.2　黏附物结构组成分析

用 SMZ1000 变焦体视显微镜获得从筛面取下的新鲜饼块状筛面黏附物图像如图 2-3 和图 2-4 所示。结合图 2-3 和图 2-4 可以看出,油菜筛面黏附物呈现出一定厚度的层状结构,并且能看出筛面黏附物由角果皮、角果内膜、隔膜、碎茎秆、茎秆内海绵体、茎秆表皮、少量破碎的青油菜籽等组成,其中角果皮、角果内膜、隔膜及茎秆表皮等呈片状,大部分破碎的茎秆呈条状,茎秆内海绵体及少部分破碎的茎秆等呈块状。油菜筛面黏附物中的条状破碎茎秆主要来自油菜的枝茎秆。

图2-3　油菜筛面黏附物的层状结构　　图2-4　油菜筛面黏附物的表面结构

图2-5和图2-6是干燥后的整块油菜筛面黏附物的细观和宏观图像。结合图2-3、图2-4、图2-5、图2-6进行分析可知：片状的角果皮、角果内膜等表面比较潮湿且与其他成分接触面积大，是黏附的主体；条状的碎茎秆等纵横交错于多层、片状的黏附物之间，对片状黏附物起到连接、强化和支撑的作用，是筛面黏附物的骨架；块状的海绵体、碎茎秆填充在片状和条状黏附物之间，对饼块状筛面黏附物的成型起到充实、强化的作用，从而形成类似鸟巢巢体的多元交错连接、多层复合粘贴的复杂结构。

图2-5　干燥后细观上呈鸟巢巢体　　图2-6　干燥后宏观上表面粗糙的
　　　　状的油菜筛面黏附物　　　　　　　　　　油菜筛面黏附物

## 2.3　油菜筛面黏附物各尺度区间的质量分布

### 2.3.1　试验方案与设备简介

考虑到本领域尚无筛分尺度标准,参照土壤筛分原理,选用 0.1~6 mm 的 10 个新标准土壤筛在 8411 型振筛机上对已烘干的筛面黏附物进行筛分试验,筛分时间 10 min,然后将所筛各尺寸范围内黏附物的质量除以样本总质量,得到各尺寸范围油菜筛面黏附物的比例。试验重复 3 次,取平均值。

8411 型振筛机由支架横旦、支架立杆、夹紧螺丝、转动盘、定时开关等部分组成(图 2-7),具有噪声小、质量小、体积小、标准精密且能定时控制等优点,可用于土壤分析、磨具磨料、矿物选粒等诸多领域。在转动盘上最多可以安装 6 个标准土壤筛,摇动次数为 1 400 r/min,约合 23.3 Hz。

1—支架横旦;2—支架立杆;3—夹紧螺丝;4—转动盘;5—定时开关。

**图 2-7　8411 型振筛机**

新标准土壤筛直径 200 mm,筛孔直径分为 0.1,0.15,0.3, 0.45,1,2,2.5,3.2,4,6,10 mm 共 11 个等级。最上方有盖子能盖住筛面,最下方有承接盘能承接透筛的物料(图 2-8)。由于黏附物中没有尺寸大于 10 mm 的成分,因而选用了 0.1~6 mm 的 10 个土壤筛进行试验。

**图 2-8　新标准土壤筛**

### 2.3.2　各尺度区间的质量分布

试验测得的油菜筛面黏附物各成分尺度分布如图 2-9 所示,从图 2-9 可以看出,筛面黏附物中各成分的尺寸主要集中在 0.3~2.5 mm,占整体的 77%,大于 2.5 mm 的占 18%,小于 0.3 mm 的仅占 5%,尺寸大于 10 mm 的没有。因此,最终能沉积黏附于筛面的均是微小尺寸的脱出物。在保证脱粒充分的前提下,若能减小脱粒元件对作物的打击力和打击次数,减小脱出物的破碎程度,从而减少脱出物中微小尺寸脱出物的含量,则可缓解筛面堵塞的发生。

图 2-10 是用 SMZ1000 变焦体视显微镜所拍 4 个尺度区间内的筛面黏附物图片。从图 2-10 可看出,0.30~0.45 mm 范围内主要是非常细小的碎屑状茎秆,0.45~1.00 mm 范围内主要是尺寸稍大些的短小碎茎秆并夹杂少量片状黏附物,1.00~2.00 mm 范围内是以片状黏附物为主并夹杂很少量的短小碎茎秆,2.00~2.50 mm 范围内全部是片状的黏附物。图 2-11 为 2.00~2.50 mm 范围内一个典型的片状黏附物的显微照片。显然,不同尺度范围内的筛面黏附物成分是不一样的。因此,在后续的研究中应考虑不同尺度区间内黏附物组成的差异。

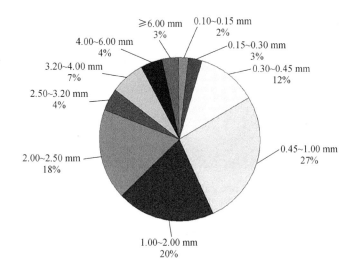

**图 2-9  不同尺度范围的油菜筛面黏附物分布**

(a) 0.3～0.45 mm

(b) 0.45～1.00 mm

(c) 1.00～2.00 mm

(d) 2.00～2.50 mm

**图 2-10  4 个尺度范围下的油菜筛面黏附物**

图 2-11　在 2 mm 尺度上的典型片状油菜筛面黏附物

## 2.4　油菜茎秆角果的浸润特性

经检测,田间油菜筛面黏附物含水率高达 82%,其中混杂着较多的湿黏液体,其来源既包括少量青油菜籽经过脱粒滚筒时被打烂而释放出的油脂和水分,也包括油菜茎秆(含水率高达 71%)和部分田间杂草经过脱粒滚筒被打碎打烂而释放出的自由水和其他黏性成分。因此,对油菜清选筛面减黏防堵、减阻脱附技术的研究离不开对水分、油分与油菜脱出物之间接触关系的研究,而衡量固－液接触关系的一个重要参数便是固－液接触角。

所谓固－液接触角,是指在一固体水平平面上滴一液滴,固体表面上固、液、气三相交界点处其气－液界面和固－液界面两切线把液相夹在其中时所成的角,如图 2-12 所示。直观意义上,接触角的大小反映了固体与液体之间黏附亲和能力的大小,接触角大则表示所测液体与固体亲和能力差;反之亦然。从表面自由能理论出发,固－液接触角的大小则显示出了液体的表面张力大小(即液体的表面能)和固体表面能的大小之间的对比关系。若固体的表面能大于液体的表面张力,则所测接触角小于 90°,为亲液关系;反之则接触角大于 90°,为疏液关系。

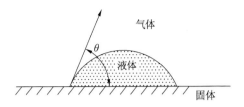

**图 2-12　接触角示意图**

具体的接触角测量方式有很多,但大致可分为测角法、测高法和测重法三类。其中,测角法应用最多,本书所用测量设备依据的就是测角法。

### 2.4.1　试验设备与方案

CAM101 型接触角测量仪主要包括照相机、样品台、注射器固定装置和光源等,使用一个数字相机,分辨率为 640 像素 ×480 像素,用接口线连接到装有采集卡的计算机上(图 2-13)。在照相机拍照成像并将数据传输至计算机上后,利用配套软件,可以很方便地测试出固 – 液接触角。

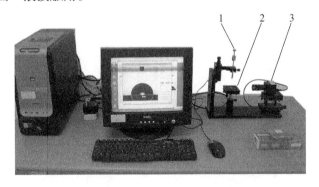

1—注射器;2—样品台;3—数字相机。
**图 2-13　CAM101 型接触角测量仪的基本结构**

为使试验便于操作,选取二次蒸馏水和菜油为液相,选取收获期的茎秆外表面和角果皮外表面为固相,在室温下采用 CAM101 型接触角测量仪对其静态接触角进行测定。测试茎秆与二次蒸馏水和菜油之间静态接触角时,用胶将所制小块片状茎秆牢固粘贴在载物台上,并保证其上表面平整,缓缓旋转针头上方的螺母,使液滴缓缓成形并在无任何其他干扰条件下自由地落在茎秆表面上,等待 30 s 使液滴在茎秆表面稳定,照相机采集液滴图像后再由软件测出其静态接触角(图 2-14),然后更换新的茎秆重复操作,分两组测量静态接触角,每组重复 6 次。角果皮与二次蒸馏水和菜油之间静态接触角的测量过程与之类似(图 2-15)。

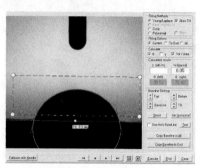

(a) 视频照相机所采集的液滴图像 (b) 电脑软件对接触角的计算

**图 2-14 液滴图像和静态接触角的计算**

(a) 角果皮 (b) 茎秆

**图 2-15 对角果皮和茎秆进行接触角测量**

### 2.4.2 浸润特性分析

对每组所测量的接触角取平均值,结果列于表 2-1 中。

**表 2-1　茎秆角果皮与二次蒸馏水和菜油之间的接触角**

| 液相 | 固相 | 平均接触角/(°) |
|---|---|---|
| 二次蒸馏水 | 茎秆 | 100.7( ±3.1) |
| | 角果皮 | 75.8( ±3.7) |
| 菜油 | 茎秆 | 52.3( ±3.8) |
| | 角果皮 | 32.5( ±2.1) |

由表 2-1 可知,二次蒸馏水与茎秆外表面之间的接触角最大,且大于 90°,是疏水表面;二次蒸馏水与角果壳外表面之间的接触角接近 80°,属于亲水表面;而菜油与这两者的接触角都在 30° ~ 55°之间,显然茎秆和角果壳的外表面都是亲油表面。所以,在油菜脱出物中,黏性液体(尤其是其中的油性物质)比自由水更能够使小尺寸的脱出物粘贴在一起,从而形成筛面黏附物并堵塞筛孔。因此,在黏附模型的研究中,研究水分参与下的脱出物黏附模型的同时,应该更加注重研究油性物质参与下的脱出物黏附模型。

## 2.5　小结

本章经过田间跟踪观察,对油菜筛面黏附物的形成过程进行了分析,研究了油菜筛面黏附物的相关基本特性,包括新鲜、干燥状态下筛面黏附物的结构特点,以及各成分的尺度分布、油菜茎秆角果皮与二次蒸馏水的浸润特性等。

结果表明:筛面黏附物由角果皮、角果内膜、隔膜、碎茎秆、茎秆内海绵体、茎秆表皮、少量破碎的青油菜籽等组成;筛面黏附物中各成分的尺寸主要集中在 0.3 ~ 2.5 mm 范围内,占整体的 77%,大于 2.5 mm 的占 18%,小于 0.3 mm 的仅占 5%,尺寸大于 10 mm 的没有;收获期的油菜茎秆和角果外表面分别为亲油疏水和亲油亲水表面,油性成分比自由水更能够使小尺寸的脱出物粘贴在一起。

# 第3章 油菜脱出物单向准静态摩擦特性研究

油菜脱出物与清选筛筛面之间存在复杂的作用关系,其中包括大量的滑动摩擦。摩擦阻力的大小会影响物料在筛面移动的难易程度和停留的时间长短,这直接关系到物料在筛面的沉积和黏附。因此,有必要对脱出物与筛面间的摩擦特性加以研究。由第2章的研究得知,油菜筛面黏附物各成分的尺寸均非常小,取其中各成分直接进行摩擦试验比较困难。从研究的便捷性和可行性出发,本书主要研究脱出物的主要成分与仿生非光滑筛面基体间和普通光滑筛面基体在单向低速条件下的准静态摩擦特性。

## 3.1 仿生板的初步设计

### 3.1.1 仿生表面的设计来源

在泥土或粪便中生活的动物常具有某种机制用以避免泥土或粪便颗粒黏附在其体表,有的是通过分泌黏性液体黏住这些颗粒,在颗粒与体表之间形成一个分隔层,如蚯蚓;还有一些动物没有大量分泌黏性液体却也能在湿黏土壤或粪便中行动自如,且体表不会黏住土壤或粪便颗粒。在这类动物中,目前研究最为深入的是蜣螂(copris ochus)。

蜣螂属节肢动物门昆虫纲鞘翅类金龟子科,一般臭蜣螂成体长 20~30 mm,大蜣螂体长有 40~80 mm,呈长椭圆形,黑色,有光泽,头扁平,较坚硬,足强壮有力,前足粗大,腿节粗壮,胫节较宽大,外侧呈宽锯齿状,便于切割粪便和掘洞,其所有发育阶段均生活在潮湿和有黏性的介质中。蜣螂以粪便为食,当发现一堆粪便后,会用足部将粪便制作成若干个粪球,一般是雄性蜣螂前肢着地,后肢顶住粪球"推着"前进;雌性蜣螂则在前面拉着粪球,两只蜣螂一推一拉使粪球向前方慢慢滚动(图3-1)。但有时出于掠食的目的,同性蜣螂也会相互帮助共同推一个粪球前进。

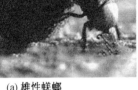

(a) 雄性蜣螂　　　　　　　　　　(b) 雌性蜣螂

**图3-1　蜣螂推粪**

非洲出土的化石表明,蜣螂50万年前便已生活在地下,经过长期的进化能很好地适应湿黏的环境。北京大学的孙久荣、吉林大学的任露泉、佟金、李建桥等学者研究发现,臭蜣螂的头部和爪部存在很多随机分布的凸包形态(图3-2),胸部和足部存在很多随机分布的凹坑形态(图3-3),此外在体表其他位置还存在凹槽、毛刺等多种非光滑形态。进一步的研究表明,这些非光滑形态能显著地减小蜣螂体表与湿黏颗粒间的黏附与摩擦,从而使蜣螂能在湿黏土壤和粪便中行动自如。

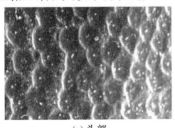

(a) 头部　　　　　　　　　　　(b) 爪部

**图3-2　蜣螂头部与爪部随机分布的凸包形态**

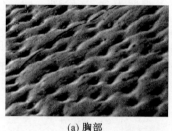
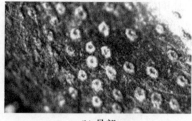

(a) 胸部　　　　　　　　　　　　(b) 足部

**图 3-3　蜣螂胸部与足部随机分布的凹坑形态**

根据蜣螂体表非光滑形态的减黏减阻原理,吉林大学研制出了仿生推土板、仿生犁、仿生不粘锅等多种仿生产品,所制仿生犁能节省油耗 5.6% ~ 12.6%、减小阻力 15% ~ 18%。其中,所选用的仿生非光滑形态均为凸包或凹坑。选用仿生凸包与凹坑能在有效减黏减阻的前提下有利于模具、试样和产品的设计与制造。

本章所要解决的油菜脱出物黏筛堵孔的问题属于湿黏物料与运动金属部件之间的减黏减阻问题,吉林大学研制仿生推土板、仿生犁所要解决的土壤黏附问题也属于湿黏物料与运动金属部件之间的减黏减阻问题。因此,蜣螂体表非光滑形态突出的减黏减阻原理也能用于油菜脱出物与清选筛面间的减黏减阻研究。借鉴已有经验,本章选择仿生凸包与凹坑为非光滑形态进行仿生非光滑表面清选筛的设计。

### 3.1.2　仿生表面的设计

借鉴仿生非光滑表面减黏减阻的已有研究成果,结合联合收获中清选筛面的实际需求和工作方式,提出如下仿生筛面基体的初步设计原则:

① 仿生非光滑基体表面采用凸包和凹坑 2 种基本形态。

② 非光滑形态的形位尺寸和分布特征应能通过常规加工手段实现,且不显著增加清选部件的生产制造成本。

③ 仿生非光滑基体表面的凹处深度(包括凹坑深度和凸包之间下凹处的相对深度)需小于油菜籽的颗粒半径,避免油菜籽

陷入。

④ 结合第 2 章所得油菜筛面黏附物的尺度分布研究结果，基体表面仿生非光滑形态的尺寸范围规定为 0.3 ~ 2.5 mm。

根据以上设计原则，经多次预备设计、试制和试验后，初步确定筛面基体表面的仿生非光滑形态分布特征参数和个体尺寸如图 3-4 所示。

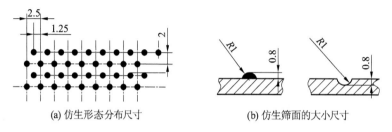

(a) 仿生形态分布尺寸　　　　　　　　　(b) 仿生筛面的大小尺寸

**图 3-4　所设计仿生筛面的仿生形态分布尺寸与大小尺寸**

## 3.2　准静态摩擦试验方案

试验在 MXD – 01 型摩擦系数仪（图 3-5）上进行。所用茎秆、角果等均从田间收获现场采集并带回实验室迅速装袋后置于冰柜中冷藏保鲜。下摩擦件为一块光板和两块仿生板，两块仿生板中一块为仿生凹坑表面（图 3-6），另一块为仿生凸包表面（图 3-7），三块板的尺寸均为

**图 3-5　MXD – 01 型摩擦系数仪**

250 mm × 150 mm，材料均为拉延 IF 钢；上摩擦件为油菜试件。滑块质量为 350 g，尺寸为 130 mm × 64 mm。动摩擦阶段滑块做低速直线运动(1.6 mm/s)。试验中实验室的温度稳定在 27 ℃。

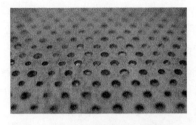 

**图 3-6　仿生筛面基体的凹坑实物图　图 3-7　仿生筛面基体的凸包实物图**

　　试验时,先将油菜茎秆(角果)从冰柜冷藏室中取出并放置 5 ~ 10 min。角果壳可直接粘贴到滑块底部,主、枝茎秆需切成若干小片(长 30 ~ 40 mm,宽 3 ~ 6 mm)才能粘贴到滑块底部。考虑到生物材料一般具有各向异性特性,试样分别按与摩擦前进方向成 0°,45°,90°方向粘贴(图 3-8、图 3-9、图 3-10)。

**图 3-8　沿 0°方向粘贴的枝茎秆　图 3-9　沿 45°方向粘贴的角果壳**

**图 3-10　沿 90°方向粘贴的主茎秆**

　　分别对角果壳、主茎秆、枝茎秆进行试验,首先根据不同含水率将果壳、主茎秆、枝茎秆分别分为青、半青、黄 3 个大组,每大组再按照 0°,45°,90°方向分成 3 个小组,每小组再按照试验对象的内、外侧分成最小的单元,每单元重复 3 次试验。

## 3.3　准静态单向摩擦特性分析

### 3.3.1　准静态摩擦特性试验结果

试验测得油菜面黏附物主要成分与普通筛面基体及仿生筛面基体间的单向准静态摩擦系数分别如表 3-1、表 3-2 和表 3-3 所示。

由表 3-1 可知,在低速摩擦条件下,与普通筛面基体的摩擦中,中、低含水率的角果壳摩擦系数分别为 0.53 ~ 0.62 和 0.35 ~ 0.53;高、中、低含水率的主茎秆摩擦系数分别为 0.59 ~ 0.85、0.50 ~ 0.71 和 0.20 ~ 0.29;高、中、低含水率的枝茎秆摩擦系数分别为 0.42 ~ 0.62,0.19 ~ 0.31 和 0.19 ~ 0.32。

**表 3-1　油菜筛面黏附物与普通筛面基体的单向准静态摩擦系数**

| 成熟度 | 摩擦方向/(°) | 角果皮 | | | 主茎秆 | | | 枝茎秆 | | |
| --- | --- | --- | --- | --- | --- | --- | --- | --- | --- | --- |
| | | 含水率/% | 摩擦系数 | | 含水率/% | 摩擦系数 | | 含水率/% | 摩擦系数 | |
| | | | 外侧 | 内侧 | | 外侧 | 内侧 | | 外侧 | 内侧 |
| 青 | 0 | | | | 71 | 0.85 | 0.73 | 38 | 0.48 | 0.52 |
| | 45 | | | | | 0.64 | 0.65 | | 0.62 | 0.59 |
| | 90 | | | | | 0.59 | 0.64 | | 0.60 | 0.59 |
| 半青 | 0 | 63 | 0.59 | 0.54 | 56 | 0.71 | 0.58 | 23 | 0.23 | 0.31 |
| | 45 | | 0.62 | 0.59 | | 0.60 | 0.50 | | 0.23 | 0.23 |
| | 90 | | 0.61 | 0.53 | | 0.54 | 0.53 | | 0.19 | 0.24 |
| 黄 | 0 | 21 | 0.37 | 0.42 | 35 | 0.24 | 0.29 | 15 | 0.27 | 0.32 |
| | 45 | | 0.53 | 0.35 | | 0.22 | 0.27 | | 0.20 | 0.25 |
| | 90 | | 0.35 | 0.40 | | 0.20 | 0.28 | | 0.19 | 0.26 |

表3-2　油菜筛面黏附物与仿生凸包筛面基体的单向准静态摩擦系数

| 成熟度 | 摩擦方向/(°) | 角果壳 | | | 主茎秆 | | | 枝茎秆 | | |
|---|---|---|---|---|---|---|---|---|---|---|
| | | 含水率/% | 摩擦系数 | | 含水率/% | 摩擦系数 | | 含水率/% | 摩擦系数 | |
| | | | 外侧 | 内侧 | | 外侧 | 内侧 | | 外侧 | 内侧 |
| 青 | 0 | | | | 71 | 0.58 | 0.61 | 38 | 0.40 | 0.49 |
| | 45 | | | | | 0.61 | 0.75 | | 0.44 | 0.44 |
| | 90 | | | | | 0.39 | 0.53 | | 0.31 | 0.45 |
| 半青 | 0 | 63 | 0.57 | 0.40 | 56 | 0.30 | 0.55 | 23 | 0.21 | 0.43 |
| | 45 | | 0.55 | 0.43 | | 0.31 | 0.57 | | 0.24 | 0.60 |
| | 90 | | 0.51 | 0.44 | | 0.30 | 0.61 | | 0.27 | 0.53 |
| 黄 | 0 | 21 | 0.28 | 0.32 | 35 | 0.28 | 0.53 | 15 | 0.18 | 0.45 |
| | 45 | | 0.37 | 0.41 | | 0.27 | 0.60 | | 0.27 | 0.55 |
| | 90 | | 0.38 | 0.42 | | 0.30 | 0.48 | | 0.28 | 0.47 |

表3-3　油菜筛面黏附物与仿生凹坑筛面基体的单向准静态摩擦系数

| 成熟度 | 摩擦方向/(°) | 角果壳 | | | 主茎秆 | | | 枝茎秆 | | |
|---|---|---|---|---|---|---|---|---|---|---|
| | | 含水率/% | 摩擦系数 | | 含水率/% | 摩擦系数 | | 含水率/% | 摩擦系数 | |
| | | | 外侧 | 内侧 | | 外侧 | 内侧 | | 外侧 | 内侧 |
| 青 | 0 | | | | 71 | 0.48 | 0.59 | 38 | 0.34 | 0.49 |
| | 45 | | | | | 0.48 | 0.71 | | 0.25 | 0.43 |
| | 90 | | | | | 0.32 | 0.62 | | 0.23 | 0.44 |
| 半青 | 0 | 63 | 0.57 | 0.38 | 56 | 0.31 | 0.52 | 23 | 0.24 | 0.45 |
| | 45 | | 0.53 | 0.40 | | 0.33 | 0.57 | | 0.28 | 0.52 |
| | 90 | | 0.56 | 0.41 | | 0.30 | 0.56 | | 0.28 | 0.51 |
| 黄 | 0 | 21 | 0.28 | 0.33 | 35 | 0.25 | 0.53 | 15 | 0.22 | 0.48 |
| | 45 | | 0.34 | 0.39 | | 0.25 | 0.57 | | 0.29 | 0.50 |
| | 90 | | 0.42 | 0.41 | | 0.26 | 0.57 | | 0.28 | 0.55 |

由表 3-2 和表 3-3 可知,在低速摩擦条件下与仿生筛面基体的摩擦中,中、低含水率的角果壳摩擦系数分别为 0.38 ~ 0.57 和 0.28 ~ 0.42;高、中、低含水率的主茎秆摩擦系数分别为0.32 ~ 0.75,0.30 ~ 0.61 和 0.25 ~ 0.60;高、中、低含水率的枝茎秆摩擦系数分别为 0.23 ~ 0.49,0.21 ~ 0.60 和 0.18 ~ 0.55。

### 3.3.2 含水率对单向准静态摩擦特性的影响

由表 3-1、表 3-2 和表 3-3 可见:各摩擦对象的单向准静态摩擦系数均随着含水率的提高而明显增大。这是因为农业物料是生物材料,其摩擦不是经典意义上的干性滑动摩擦。

现代摩擦理论认为,摩擦力由两部分构成:一部分是剪切接触面凹凸不平所需剪切力,与接触面粗糙程度相关;另一部分是克服接触面间的黏附和黏聚所需黏附力和黏聚力,与接触面湿黏程度相关。农业物料含水率提高会增大接触面间的黏附力和黏聚力,从而使摩擦系数增大。油菜含水率与成熟度密切相关。成熟度越高,含水率就越低,脱出物与筛面的黏附摩擦就越弱。因此,实际收获时应在保证割台落粒损失达标的前提下,尽可能在油菜成熟度较高进行收获,以减轻脱出物在筛面的沉积与黏附,减少筛面堵塞的发生,减少清选损失。

### 3.3.3 茎秆与角果的单向准静态摩擦特性对比

由表 3-1、表 3-2 和表 3-3 可知,在低速摩擦条件下,各部分的内、外侧表面摩擦系数整体上差别不大。各摩擦对象对摩擦方向也普遍不太敏感,仅主茎秆外表面摩擦特性表现出较明显的方向性,且由大到小依次为 0°,45°,90°。总体看主茎秆的摩擦系数大于支茎秆的摩擦系数;含水率中等时,角果壳和主茎秆的摩擦系数接近且都大于枝茎秆的摩擦系数;含水率最低时,主茎秆和枝茎秆的摩擦系数接近且都略小于角果壳的摩擦系数。显然,主茎秆的摩擦系数较大。

### 3.3.4 筛面形态对单向准静态摩擦特性的影响

由表3-2和表3-3并对比表3-1可知,在低速摩擦条件下,所制仿生凸包和仿生凹坑表面与茎秆角果之间的摩擦系数差别不大;对于角果壳,仿生表面能起轻微的减阻作用;对主茎秆和枝茎秆,在含水率较高时能起到一定的减阻作用,但减阻幅度较小,而在含水率较低时不仅不能减阻,反而会增加一些阻力。

### 3.3.5 脱出物的磨损对摩擦的影响

在试验中发现,每次试验时摩擦仪所显示的实时摩擦系数曲线普遍有微微上扬的趋势(图3-11),且末尾阶段的动摩擦系数甚至大于初始阶段的静摩擦系数,这两个现象均与经典摩擦不符。这是由于本书研究对象为农业物料,其接触强度往往很低,且抗磨损能力较差。在摩擦初始阶段,摩擦副之间实际的接触面积显著小于表观面积,但摩擦一段时间后,物料接触面逐渐产生较明显的磨损,使摩擦副之间实际接触面积显著增大,最终导致摩擦力缓缓增大。因此,油菜清选环节中物料在筛面滞留时间过长时,物料与筛面的摩擦力将增大,物料就越容易沉积且黏附在筛面。

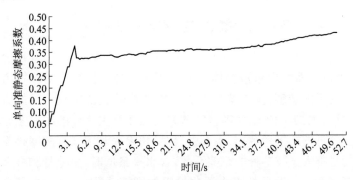

**图3-11 油菜脱出物的典型单向准静态摩擦系数实时曲线**

## 3.4 小结

本章介绍了仿生表面的设计来源,提出了仿生油菜清选筛的设计原则并设计了具有仿生非光滑表面形态的筛面,在低速(1.6 mm/s)、单向条件下,以含水率、摩擦方向和表面形态等为考察因素,对油菜主茎秆、枝茎秆及角果壳与仿生非光滑筛面和普通光滑筛面之间的单向准静态摩擦特性进行了测试与分析。结果表明:油菜主茎秆、枝茎秆和角果壳与各筛面之间的单向准静态摩擦系数均随含水率的增大而增大;各摩擦对象对摩擦方向不太敏感,仅主茎秆外表面摩擦特性表现出较明显的方向性,且由大到小依次为 $0°,45°,90°$;仿生筛面能对角果壳起到一定的减阻作用,在含水率较高时能对主茎秆和枝茎秆起到一定的减阻作用。

# 第4章 油菜脱出物往复动态摩擦试验研究

实际工作中清选筛是在一定的频率区间内以往复振动的方式进行工作的,因此,只从经典的摩擦试验角度获取油菜脱出物与不同筛面之间在单向、恒定低速条件下的准静态摩擦系数,还不足以说明油菜脱出物与筛面之间全部的摩擦关系。为了全面地反映油菜脱出物与筛面之间的摩擦关系,有必要对油菜脱出物与不同筛面之间在往复条件下的往复摩擦特性进行试验研究。

本章拟采用先进的 CETR 摩擦磨损试验机对油菜脱出物与仿生非光滑筛面和普通光滑筛面之间的往复摩擦特性进行试验与分析。

## 4.1 CETR 摩擦磨损试验机简介

美国 CETR 公司设计生产的 UMT 系列多功能摩擦磨损摩擦学测试仪采用模块化设计的硬件结构,提供了一个多功能、可操作性强、应用广泛的试验平台(图 4-1),主要用于从纳米、显微到宏观的水平上,对各种材料的薄膜涂层、改性层,固态或液态的润滑层,润滑油和润滑剂的力学、摩擦学特性和实际工况等进行研究。被测样品可以是尺寸直径从纳米尺度(如纳米碳管)到几百毫米的任何形状物体。该设备已被广泛应用于材料科学、薄膜涂层、生物、化工、石油、微电子、微型传感器、半导体材料、自动控制、航空航天、汽车工业及机械工具的材料研究和开发。

**图 4-1　CETR 生产的 UMT－2 型摩擦磨损试验机**

该设备具体可以对各种薄膜涂层通过压/划/磨等测试其结合强度、弹性模量、显微(纳米)硬度、显微(纳米)划痕、三维表面形貌、表面粗糙度、断裂韧性、蠕变、润滑/抗磨特性、抗冲击能力、抗划痕能力、耐腐蚀性能、失效及疲劳等;可以对固态或液态的润滑油(脂)的润滑特性和黏滑特性进行评价;可以对各种材料的电接触进行评价。同时,它还可以提供各种理想的检测模式,比如在经典摩擦学中的各种实际工况模拟测试:针对盘、球对盘、四个球、环对块、盘对盘等;甚至可以模拟汽车活塞环在汽缸中的工况,以及螺母－螺丝间隙耦合、滑动和滚动的齿轮等实际工况。

该设备提供了多种运动方式,例如直线运动方式、旋转的运动方式和振动方式,还提供了通过软硬件可实现的各种复杂的复合运动模式。运动速度从 0.1 mm/s(或 0.001 r/min)到 50 m/s(或 10 000 r/min)任意可调。该设备通过独特的闭环的伺服机械系统实现准确动态加载。UMT 系列还可以提供恒力加载模式、线性增量加载模式和通过软件实现对样品的任意动态加载模式,施力范围可从 0.1 mN(10 mg)到 1 kN(100 kg)。其动态加载有别于传统的砝码加载方式:在高速运动状态下,传统砝码加载方式会产生跳动,据统计由此产生的误差高达 25% 。CETR 采用伺服机械系统动态加载方式,不但可以对曲面实现动态恒力加载,而且还能有效地消除高速状态下加载所引起的误差。采用动态加载方式对同一区域进行多次测试,得到的曲线具有良好的可重复性。

UMT 系列分为 3 个子系列:

① UNMT – 1:1μN ~ 10 N,纳米材料和薄膜纳米的显微力学性能测试。

② UMT – 2:1mN ~ 200 N,显微材料和涂层的显微力学性能测试。

③ UMT – 3:0.1N ~ 1 kN,金属、陶瓷材料和润滑油宏观力学性能测试。

## 4.2 专用船型夹具的设计与试验方案

本研究选用 UMT – 2 型摩擦磨损试验机的高速往复式试验模块进行试验。该高速往复模块的连续可调往复频率范围为 0 ~ 50 Hz,单向最大行程为 30 mm。试验中选用量程为 0 ~ 500 g、分辨率为 0 ~ 0.1 g 的高精度压力传感器。通过伺服机械系统和软件对样品进行动态加载,从而有效地减小高速往复下加载所引起的误差。

### 4.2.1 专用船型夹具的设计

针对油菜茎秆和角果皮等生物材料难以制作成标准试样、夹持困难等问题,笔者专门研制了船型夹具(图 4-2 和图 4-3),其下表面呈弧形,试验时油菜茎秆和角果皮与位于下方的金属筛面基体接触面积较小,从而可减少摩擦面积的变化对试验结果的影响。

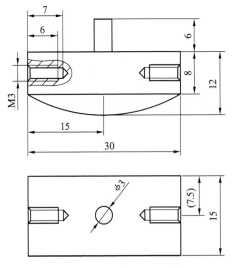

**图 4-2　专用船型夹具的设计尺寸**

**图 4-3　专用船型夹具的实物照片**

### 4.2.2　试验方案

基于第 3 章所设计的仿生表面,结合几种试制筛面在田间的多次对比试验,笔者对筛面基体表面的仿生非光滑形态进行了拓展设计,即在第 3 章所述设计原则之内,将原有设计尺寸中仿生凸包和仿生凹坑的直径(0.8 mm)向两端拓展,使其外观差异较为明显,以便于探索仿生形态的尺寸对试验结果的影响。在下文中,将统一使用"大凹坑/凸包、小凹坑/凸包"的名称对仿生表面进行表述。仿生形态的分布特征与第 3 章中提及的一样,不再赘述。重新设计的仿生形态尺寸如图4-4所示,实物图如图4-5所示。

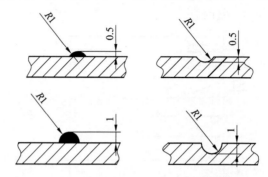

**图4-4　分化设计后4种仿生非光滑形态的尺寸**

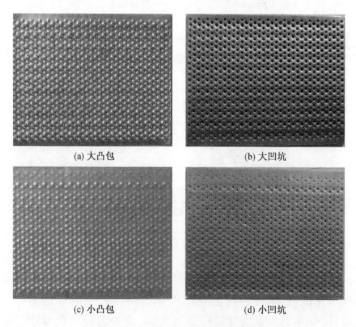

| (a) 大凸包 | (b) 大凹坑 |

| (c) 小凸包 | (d) 小凹坑 |

**图4-5　分化设计后4种仿生表面**

　　由于在第3章的单向准静态摩擦试验中油菜枝茎秆和主茎秆的摩擦特性差别不显著,同时考虑本章往复摩擦试验中上摩擦件的装夹可行性,因而在本试验中只对主茎秆和角果壳两类上摩擦件进行试验。为了更加贴近田间实际收获时的状况,往复摩擦试验中所选的油菜茎秆和角果壳均不按固定的含水率数值进行差异化选择,改为直接选用油菜收获期内田间具有成熟度差异代表性的油菜茎秆和角果,其特点如下:主茎秆含水率很高(71% 左右),呈现较青的状态;同时,油菜角果壳含水率很低,已呈枯黄干薄状态。从田间采回茎秆和角果壳后迅速置于实验室的保鲜装置内,并尽快进行摩擦试验。

油菜联合收获机清选筛的前后往复行程一般为 20 ~ 40 mm,振动频率一般为 4 ~ 6 Hz。现代摩擦学的研究表明,材料的摩擦特性与相对滑动速度有一定关系。根据油菜联合收获机清选筛的实际工作参数并考虑往复摩擦试验机的性能范围,在多次预备试验的基础上,设定摩擦试验机往复模块的行程为 25 mm,并等间距选择 4 种往复频率为 1.67,5.0,8.33,11.67 Hz(试验机参数对应设置 4 种主轴转速为 100,300,500,700 r/min)。

考虑到上摩擦件(即油菜茎秆和角果)不耐磨,单个试件不宜长时间进行摩擦试验,因此,在多次预备试验之后,设定单次摩擦时间为 10 s 且正压力为 200 g。下摩擦件分别为 5 块 75 mm × 60 mm 的金属板,材料为拉延 IF 钢,其中 1 块金属板是具有光滑表面形态的筛面基体,命名为"光板",另外 4 块金属板是具有不同尺寸参数的仿生非光滑筛面基体,分别命名为"大凸包""大凹坑""小凸包""小凹坑"。往复摩擦试验为全排列方案,且每次试验重复 3 次。

## 4.3　试件的制作与上下试件的装夹

制作主茎秆试件时,先裁切出长 50 mm、宽 10 mm 的茎秆片,除去其内测纤维,然后在两端剪裁出一个 V 形切口并轻轻向内侧弯折(图 4-6),再用螺母将茎秆片紧紧固定在夹头上(图 4-7)。制作角果皮试件时,由于角果皮枯黄干薄,因而只需进行适当裁剪,然后用双面胶直接粘贴到夹具底部的弧面上即可(图 4-8、图 4-9)。

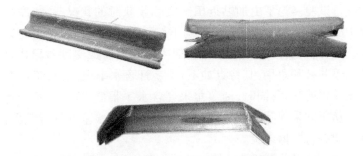

图 4-6　往复摩擦试验中油菜茎秆试件的制作

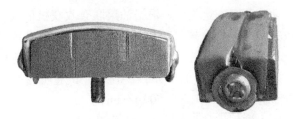

图 4-7　油菜茎秆试件的装夹

图 4-8　制作的油菜角果皮试件

图 4-9　油菜角果皮试件的装夹

　　试件装夹到专用船型夹具上之后,再将船型夹具头插入试验机上部传感器装夹入口即可。由于下摩擦件是按照试验机往复模块的长、宽进行制作的,因而下摩擦件可直接用强力双面胶牢固地粘贴在往复模块底座上(图4-10、图4-11)。

**图4-10**　往复摩擦试验中　　**图4-11**　往复摩擦试验中下摩擦件的安装
　　　　　船型夹具的安装

## 4.4　往复摩擦试验结果的直观分析

### 4.4.1　表面形态对摩擦特性的影响

　　频率为8.33 Hz时,油菜茎秆、角果与5种下摩擦件表面的往复摩擦特性曲线分别如图4-12和图4-13所示。

　　由图4-12和图4-13可知,在往复摩擦过程中,因摩擦界面状态反复经历由静止到加速滑动摩擦,再由减速的滑动摩擦到静止的过程,故所测摩擦系数也处在从最大静摩擦系数到瞬间滑动摩擦系数再到最大静摩擦系数的周期变化过程中。由于摩擦仪往复模块从启动到加速达到指定往复频率需要一定时间,因而对于第3频率8.33 Hz而言,往复摩擦从5 s左右才开始进入稳定状态。

　　由图4-12可知,油菜茎秆与光滑表面的摩擦系数最大,瞬间最大值(静摩擦因数)已普遍大于1,达到1.2左右,而油菜茎秆与仿生表面间的摩擦系数普遍较小,仿生非光滑表面对油菜茎秆起到了明显的减阻作用。其中,大凸包、小凸包及小凹坑减阻效果最好,摩擦系数最大值不超过0.5,减阻率达到58%;大凹坑的减阻能力略差,摩擦系数最大值在0.75左右,但减阻率也达到了38%。

由图4-13可知,油菜角果皮外侧与光滑表面的摩擦系数最小,稳定后的最大值在0.13左右,仿生非光滑表面中,大凸包与角果皮外侧的摩擦系数高度重合于光滑表面的摩擦系数,没有起到减阻作用,也没有增大摩擦阻力;而摩擦稳定后,小凸包、小凹坑及大凹坑与角果皮外侧的摩擦系数最大值分别达到0.15、0.2和0.3,显然增大了摩擦阻力。

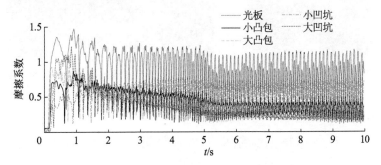

**图4-12　频率为8.33 Hz时油菜茎秆与不同表面
形态筛面基体的往复摩擦特性曲线**

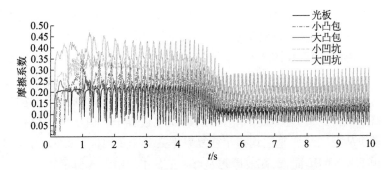

**图4-13　频率为8.33 Hz时油菜角果皮与不同表面
形态筛面基体的往复摩擦特性曲线**

### 4.4.2　往复频率对摩擦特性的影响

试验测得 4 种不同往复频率下油菜茎秆、角果皮与大凸包表面的摩擦特性曲线分别如图 4-14 和图 4-15 所示。

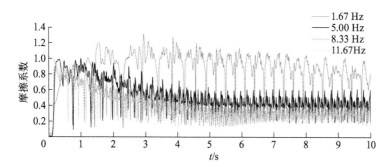

**图 4-14　不同往复频率下油菜茎秆与大凸包之间的往复摩擦特性曲线**

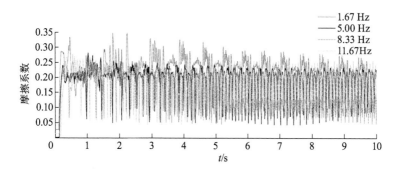

**图 4-15　不同往复频率下油菜角果皮与大凸包之间的往复摩擦特性曲线**

由图 4-14 可知,在往复频率为 1.67 Hz 时,油菜茎秆与仿生凸包表面的摩擦系数最大值在 1.2 附近,与前述茎秆和光滑表面之间的摩擦系数接近,没有显示出减阻能力;而在往复频率分别增大到 5.00,8.33,11.67 Hz 时,稳定后到摩擦系数最大值则分别减小至 0.6,0.5,0.4 附近,降阻率分别达到 50%,58%,67%。显然,茎秆与仿生凸包之间的摩擦阻力随着往复频率的增大而减小,仿生凸包的减阻能力随着往复频率的增大而愈发显著。

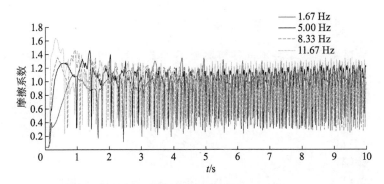

**图 4-16　不同往复频率下油菜茎秆与普通光滑表面之间的往复摩擦特性曲线**

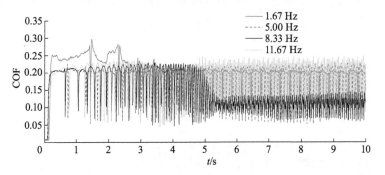

**图 4-17　不同往复频率下油菜角果皮与普通光滑表面之间的往复摩擦特性曲线**

　　由图 4-15 可知,在往复频率从 1.67 Hz 依次增大到 5.00,8.33,11.67 Hz 时,油菜角果皮与仿生凸包表面之间的摩擦系数最大值在稳定后先从 0.3 左右略微减小至 0.25 左右进而大幅减小至 0.13 左右,但随即又增大恢复到 0.25 左右,始终未能减小到同频率下角果皮与光滑表面之间的摩擦系数(0.2、0.2、0.13、0.23,见图4-17)以下。因此,仿生凸包与角果皮外侧的摩擦阻力随往复频率的增大而先增大后减小,并始终没有减阻能力。

　　由图 4-16、图 4-17 可知,油菜茎秆与普通光滑筛面之间的摩擦系数不随往复频率的增大而变化,最大值始终保持在 1.2 左右;而角果皮与光滑表面间的摩擦系数只在往复频率为 8.33 Hz 时减小为 0.13,但在其他 3 个频率下的摩擦系数则稳定在 0.2 附近,变化不大。

### 4.4.3　仿生非光滑表面对油菜脱出物的减阻机理探讨

材料自身属性决定了其力学特性。理想弹性材料的受力与变形量成正比,理想黏性材料的受力与变形速率成正比,黏弹性材料的力学特性介于两者之间。众多学者研究表明:黏弹性材料的阻尼特性受温度和频率的影响很大,在低频或高温条件下呈橡胶态,阻尼较小,在高频或低温条件下呈玻璃态,失去阻尼性质,只有在中等频率或温度条件下阻尼最大,而临界频率或温度则需针对具体材料专门讨论。

本章所用收获期的油菜茎秆是生物材料,含水率高(71%左右),可归为黏弹性材料范畴。同样是在本章所设定的 4 个频率条件下,茎秆与光板之间的摩擦特性没有变化,但与仿生表面(尤其是仿生大凸包)之间的摩擦特性却显著随频率的增加而减小。对比分析茎秆与光板及茎秆与防生大凸包之间在同一设定往复频率条件下的单个周期摩擦特性曲线发现(图 4-18),单周期内,茎秆与仿生表面之间的摩擦特性曲线波动性显著大于茎秆与光滑平面之间的摩擦特性曲线波动性,这表明:在一个往复周期内,茎秆与仿生表面间还存在更多的小周期,从而使茎秆与仿生表面之间的实际摩擦频率与试验所设定的往复频率之间是若干倍增关系,因此,茎秆与仿生表面之间的实际摩擦接触频率要远远大于所设定的往复频率而达到了高频摩擦,在此条件下,作为黏弹性材料,其摩擦阻尼必然减小。

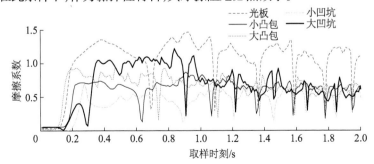

**图 4-18　频率为 8.33 Hz 时油菜茎秆与不同表面形态筛面基体在 2 s 内的往复摩擦特性曲线**

使茎秆与仿生表面间的摩擦在每个往复周期内存在更多小周期的是仿生表面的非光滑形态。所以仿生非光滑形态在往复频率增大的条件下能对茎秆与基体间的摩擦显著减阻,笔者将其称为"仿生非光滑表面的增频降阻原理"。

然而,同样的情况却没有发生在油菜角果皮上。经分析,在单个往复周期内,角果皮与仿生表面间的摩擦特性曲线波动性也大于角果皮与光滑表面间的摩擦特性曲线波动性,但是随着往复频率的增大,仿生表面却并没有起到减阻作用。这是因为,收获期的油菜角果皮含水率较低,而且很薄,黏弹性的结构属性不明显,所以高频摩擦不能使其减阻。

## 4.5 稳态往复摩擦力的识别

### 4.5.1 典型往复摩擦力曲线

试验机往复模块不能从初始时刻即达到指定运动频率,且不同试验条件下达到稳态的时间不一致,因此单次往复摩擦试验中所得摩擦力曲线不能从一开始就进入稳态阶段。图 4-19 所示的是在往复频率为 5 Hz 时油菜茎秆分别与 3 种表面形态金属表面之间的往复摩擦力在时域中的变化曲线。

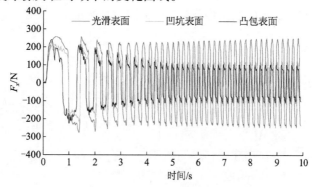

**图 4-19　在往复频率为 5 Hz 时 3 种金属表面与油菜茎秆之间的往复摩擦力时域波形图**

由图 4-19 可见,直接从往复摩擦力的时域波形图上较难判断出摩擦力的幅值和频率何时进入稳态阶段。使用信号分析中的时频分析方法(time-frequency analysis, TFA)对往复摩擦力进行变换,可以判断并得到往复摩擦力的稳态阶段。

### 4.5.2　往复摩擦全程的时频分析

时频分析(TFA)是非平稳信号分析的基本内容,其基本任务是建立一个以时间 $t$ 和频率 $\omega$ 为变量的二维联合分布函数 $P(t,\omega)$,用来得到某一特定频率和特定时间范围内的信号能量分布。理想情况下,作为信号 $s(t)$ 构造的时频分布函数 $P(t,\omega)$ 应该满足下列方程:

$$\int_{-\infty}^{+\infty} P(t,\omega)\,\mathrm{d}\omega = \mid s(t) \mid^{2} \tag{4-1}$$

$$\int_{-\infty}^{+\infty} P(t,\omega)\,\mathrm{d}t = \frac{1}{2\pi} \mid \hat{s}(\omega) \mid^{2} \tag{4-2}$$

式(4-1)表示将某一特定时刻的所有频率的能量加起来等于信号在该时刻的能量密度(或瞬时功率)。式(4-2)表示将某一特定频率的能量分布在全部时间内加起来等于信号的能量谱密度。一般情况下,使用经典的短时傅里叶变换(Short Time Fourier Transform, STFT)就可以分辨出非平稳信号进入稳态阶段的时间。

STFT 方法由 Gabor 提出,是 TFA 中使用最早且应用最为广泛的一种时频分析方法。其基本思想:在 FT 的框架中,将非平稳信号视作一系列短时平稳信号的叠加,而短时性则是通过在时域上的加窗来实现的,同时通过一个平移参数对整个时域进行覆盖。STFT 的定义式表达如下:

$$STFT_{s}(t,\omega) = \int_{-\infty}^{+\infty} s(\tau)h(\tau-t)\,\mathrm{e}^{-i\omega\tau}\,\mathrm{d}\tau \tag{4-3}$$

式中:$s(t)$——非平稳信号;

　　　$h(t)$——窗函数。

往复摩擦得到的摩擦力是离散信号,为便于计算,采用离散短时傅里叶变换(Discrete STFT, DSTFT)对摩擦力进行变换。为避免矩形窗函数带来的边界效应,采用汉明窗(Hamming Window)作为计算中的窗函数。DSTFT 的基本计算式表达如下:

$$STFT(n,k) = \sum_{m=-\infty}^{+\infty} s(m)h(n-m)e^{-i\frac{2\pi}{N}mk} \qquad (4-4)$$

式中:$s(m)$——离散信号;

$h(n-m)$——窗函数。

使用 STFT 方法对 8.33 Hz 条件下凸包表面与茎秆表面的摩擦力进行变换后得到的三维时频分布如图 4-20 所示。由图 4-20 可见,从 0~5 s 的过程中,摩擦力中的频率成分呈线性增大,同时幅值迅速减小,在 5 s 之后,一阶频率(主频率)和幅值均开始稳定不变,表示摩擦信号从 5 s 之后进入稳态摩擦阶段。使用 STFT 方法对所有摩擦力都进行变换后(如附录二所示)发现,往复摩擦在 5 s 之后均进入稳态阶段。

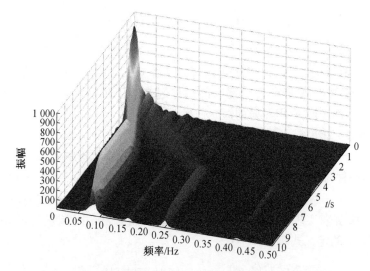

**图 4-20　往复频率为 8.33 Hz 时凸包表面与茎秆往复摩擦力 STFT 变换后的三维时频分布**

## 4.6　稳态往复摩擦力的相图分析

### 4.6.1　稳态往复摩擦的位移和速度

往复摩擦试验中接触面的位移和速度满足下列方程:

$$\begin{cases} s = r\cos\omega t \\ v = -\omega r\sin\omega t \end{cases} \tag{4-5}$$

$$\omega = 2\pi f \qquad f = 1.67, 5.0, 8.33, 11.67 \text{ Hz}$$

式中:$s$——接触面相对位移;

　　　$v$——接触面相对滑动速度;

　　　$r$——振幅(本试验取 $r = 12.5$ mm);

　　　$\omega$——圆频率($\omega$ 分别取值 10.48, 31.4, 52.31, 73.29 rad/s)。

根据式(4-5)计算出稳态往复摩擦中的接触面相对位移和相对滑动速度,结合试验所得稳态摩擦力值(摩擦试验中第5 s 之后的摩擦力值),分别绘制在4个往复频率条件下油菜茎秆与3种金属表面之间的相图——$F_x$–$S$ 图和 $F_x$–$V$ 图,如图4-21～图4-23所示。

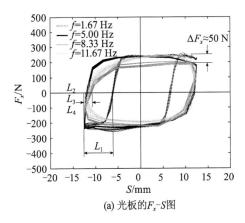

(a) 光板的 $F_x$–$S$ 图

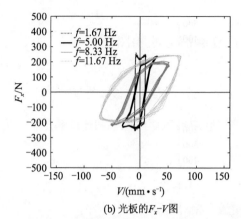

(b) 光板的$F_x$-$V$图

**图4-21　光滑表面与油菜茎秆在4个往复频率下的摩擦力相图**

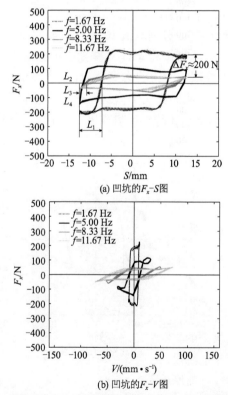

(a) 凹坑的$F_x$-$S$图

(b) 凹坑的$F_x$-$V$图

**图4-22　凹坑表面与油菜茎秆在4个往复频率下的摩擦力相图**

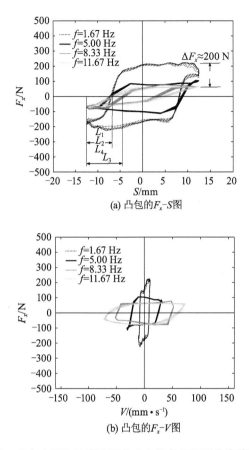

(a) 凸包的$F_x$-$S$图

(b) 凸包的$F_x$-$V$图

**图 4-23　凸包表面与油菜茎秆在 4 个往复频率下的摩擦力相图**

### 4.6.2　往复摩擦力的相图分析

由图 4-21 ~ 图 4-23 可见,油菜茎秆与 3 种表面形态金属板表面之间的往复摩擦力相图呈现封闭平行四边形结构,表明往复摩擦力出现了典型的黏滞现象。含有黏滞现象的摩擦力在循环周期中出现两个摩擦阶段——滑动摩擦阶段和黏滞摩擦阶段。

理想的含黏滞摩擦的往复周期摩擦力相图如图 4-24 所示。根据 Al Sayed B 和 Wang J H 的研究,含黏滞摩擦的往复周期摩擦力

表示为

$$F_x(t) = \begin{cases} \pm\mu \cdot F_n & （滑动状态） \\ \pm\mu \cdot F_n + k_d\big[s(t) - A_{max}\big] & （黏滞状态） \end{cases} \quad (4\text{-}6)$$

式中：$k_d$——图 4-24 中线段 $AB$ 的斜率；

$\quad\quad F_n$——垂直于摩擦力方向的正压力；

$\quad\quad A_{max}$——往复位移的最大幅值；

$\quad\quad s(t)$——$\theta_0$ 的函数。

$A_{max}, s(t)$ 和 $\theta_0$ 之间存在以下关系：

$$A_{max} = s(\theta_0) = \sum_{n=1}^{N} \big[a_n\cos(n\theta_0) + b_n\sin(n\theta_0)\big] \quad (4\text{-}7)$$

式中：$\theta_0$——相图中沿着箭头方向从有向线段 $\overrightarrow{DA}$ 转变到 $\overrightarrow{AB}$ 时转过的角度。

图 4-24 中的 $\theta_0 + \pi$ 表示相图中沿着箭头方向从有向线段 $\overrightarrow{DA}$ 陆续经过 $\overrightarrow{AB}$、$\overrightarrow{BC}$ 和 $\overrightarrow{CD}$ 时总共转过的角度。显然，图 4-24 中 $\overrightarrow{DA}$ 段和 $\overrightarrow{BC}$ 段分别表示正向和反向的滑动摩擦阶段，$\overrightarrow{AB}$ 段和 $\overrightarrow{CD}$ 段表示黏滞摩擦阶段。

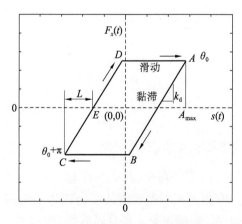

**图 4-24　含黏滞摩擦的理想往复摩擦力相图**

对比图 4-24 和图 4-21～图 4-23 可以发现，所得摩擦力相图与理想黏滞滑动摩擦相图的总体形状是类似的。因此，可以确定油菜茎秆与 3 种不同表面形态金属表面之间的往复摩擦属于周期性的黏滞滑动摩擦。但是在细节方面也可看到,该往复摩擦与理想黏滞滑动摩擦还存在一些差异。这是因为一方面试验误差不可避免,且所用摩擦试样来自生物材料(农业植物茎秆),其生物力学特性不可能均衡持久;另一方面,往复摩擦往往都存在较强的非线性机理,摩擦力与正压力、位移幅值、往复频率和界面状态等均有较强的非线性关系,因此所得数据会有波动。

### 4.6.3　往复频率对往复摩擦的影响

从图 4-21 ~ 图 4-23 可以看到,随着往复摩擦频率的增大,油菜茎秆与光滑的金属表面之间的摩擦力幅值变化很小($\Delta F_x \approx 50$ N),但与非光滑金属表面(凹坑和凸包表面)之间的摩擦力幅值变化较大($\Delta F_x \approx 200$ N),且呈现频率越大、摩擦力越小的结果。凹坑表面与凸包表面都能使摩擦力减小近 200 N,这一结果与田间试验的结果是一致的。

将图 4-24 中点 $C$ 与点 $E$ 之间的水平距离定义为"黏滞距离",并用字母 $L$ 表示,意为往复摩擦中摩擦力的滞后程度(即摩擦力方向的变化滞后于位移方向的变化)。在图 4-21 ~ 图 4-23 中,分别用 $L_1,L_2,L_3$ 和 $L_4$ 表示往复摩擦在往复频率分别为 1.67,5.00,8.33,11.67 Hz 时的"黏滞距离"。

由图 4-21 和图 4-22 可见,在往复频率为 1.67 Hz 时,油菜茎秆与光滑表面金属板和凹坑表面金属板之间的黏滞距离 $L_1$ 都比较大,在往复频率为 5.00,8.33,11.67 Hz 时,油菜茎秆与光滑表面金属板和凹坑表面金属板之间的黏滞距离 $L_2,L_3,L_4$ 均较为接近,且都有 $L_2 \approx L_3 \approx L_4 < L_1$。由图 4-23 可见,在往复频率为 1.67,5.00,11.67 Hz 时,油菜茎秆与凸包表面金属板之间的黏滞距离均较为接近,但都小于往复频率为 8.33 Hz 时的黏滞距离,即有 $L_1 \approx L_2 \approx L_4 < L_3$。这说明往复摩擦频率对黏滞距离有显著影响,但对凹坑和凸包表面的影响并不一致。凹坑表面的黏滞距离 $L$ 总体上与光滑表面相同,但凸包表面的黏滞距离 $L$ 则比光滑表面的大,这在一定

程度上解释了田间试验中凸包表面的减阻效果优于凹坑表面的结果。

## 4.7 小结

本章设计了针对油菜往复摩擦的专用船型夹具,以往复频率、表面形态为考察因素,采用CETR摩擦磨损试验机的往复模块对收获期的油菜茎秆、角果皮与仿生非光滑筛面和普通光滑筛面之间的往复摩擦特性进行了试验。试验结果的直观分析表明:往复条件下,仿生非光滑表面没有对角果皮起到减阻作用,但茎秆与仿生筛面之间的往复摩擦系数普遍小于茎秆与普通光滑筛面之间的往复摩擦系数;茎秆与仿生凸包之间的往复摩擦系数随着往复频率的增加而减小,且小于与普通光滑筛面之间的往复摩擦系数,角果皮与仿生凸包之间的往复摩擦系数随往复频率的增大而先增大后减小,但不显示减阻特性,光滑筛面的往复摩擦系数不随往复频率的变化而变化。在直观结果对减阻机理的进一步探讨中提出了仿生非光滑表面的"增频减阻原理",即仿生非光滑形态在往复频率增大的条件下能对茎秆与基体间的摩擦显著减阻。

本章还从黏滞滑动摩擦的角度出发,定义了往复摩擦力相图中的黏滞距离 $L$,并借此对油菜茎秆与非光滑表面之间的往复摩擦试验结果进行了分析,结果表明:油菜物料(茎秆)与金属表面之间的往复摩擦包含了滑动摩擦和黏滞摩擦;凹坑表面与凸包表面都能在往复频率增大的条件下,使其与油菜茎秆之间的摩擦力幅值减小约200 N;凹坑表面的黏滞距离 $L$ 与光滑表面相同,但凸包表面的黏滞距离 $L$ 则比光滑表面的大,这在一定程度上解释了田间试验中凸包表面减阻效果优于凹坑表面的结果。

# 第 5 章　油菜茎秆与非光滑筛面的微振减阻理论分析

第 4 章从黏滞滑动摩擦的角度对油菜茎秆与非光滑筛面之间的往复摩擦试验结果进行了分析。在实际试验中笔者还发现上摩擦件与非光滑表面在往复摩擦时存在垂直方向上的微小振动,但与光滑表面往复摩擦时则不存在这一现象。油菜茎秆与非光滑表面之间的微振可能是导致其能够减阻的重要因素。本章将建立油菜茎秆与非光滑表面之间的几何接触模型和动力学方程并进行计算分析,从理论上解释这一微振现象。

## 5.1　接触模型的建立

### 5.1.1　实际接触关系的简化

在建立物理模型之前,需要先对往复摩擦过程中的实际接触关系进行简化。由第 4 章可见,在往复摩擦试验中,作为上摩擦件的油菜茎秆被安装到了一个弧形底面的特制夹具上,因此,油菜茎秆是以弧形的状态与下摩擦件发生往复摩擦接触的。在此过程中,可以设想油菜茎秆由于受到下摩擦件表面非光滑特征的摩擦挤压将会发生周期性的弹性形变,在垂直方向上将表现为周期性的上下振动,这一周期性形变过程可由图 5-1a 表示。图 5-1a 中的粗实弧线表示油菜茎秆的初始状态,细虚弧线表示油菜茎秆受下摩擦件表面非光滑特征的摩擦挤压后的理想变形状态,其中,点 $B$ 表示茎秆中央在初始时的位置,点 $B'$ 表示茎秆中央在变形后的位置,$\Delta y$ 表示茎秆在垂直方向上的形变幅度。

　　为了便于理论建模与分析,需要对图 5-1a 所示上下摩擦件之间的接触关系进行简化。首先,将原本左右对称的弧形上摩擦件(油菜茎秆)简化成左右对称的轻质杆件,并且假设这两个轻质杆件在点 B 处以铰链的形式连接,如图 5-1b 所示。由于杆件的左右对称性及往复运动的周期性,因而可以仅对左侧的轻质杆 $OB$ 进行描述。进一步假设杆件 $OB$ 与夹具在点 O 处以铰链的形式连接,并且轻质杆件 $OB$ 可以绕点 O 做微小的转动,右侧的杆件同样如此。同时,假设在点 B 处还有一个竖直方向的轻质杆件与其以铰链的方式连接,该杆件能够在竖直方向上移动。在这样简化后的几何结构条件下,当杆件 $OB$ 受到下摩擦件表面非光滑特征从左侧带来的摩擦挤压时,杆件 $OB$ 绕点 O 沿逆时针方向发生 $\Delta\theta$ 的微小偏转,使得点 B 向上运动 $\Delta y$ 到点 $B'$。这样,在下摩擦件的往复周期激励条件下,杆件末端将周期性地往返于点 B 和点 $B'$ 之间。

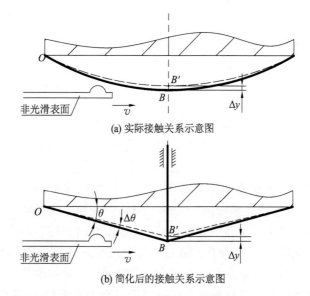

(a) 实际接触关系示意图

(b) 简化后的接触关系示意图

**图 5-1　往复摩擦过程中上下摩擦件之间接触关系的简化过程**

### 5.1.2　物理模型的建立

基于上述简化后得到的接触关系,建立物理接触模型,如图 5-2 所示。建立该模型的目的是为了能理论研究摩擦件在往复摩擦中受到下摩擦件表面非光滑单元(凸包)在水平方向的连续冲击作用后会在垂直方向上产生何种响应,通过比较理论值与实测值来判断该模型是否符合实际情况。为此,在建模时首先规定上摩擦件仅在垂直方向上具有一个往复移动自由度,其位移用 $y$ 表示。然后采用最常用的开尔文模式(Kelvin model)在垂直方向上构建上摩擦件的力学特征模型,形成一个典型的单自由度系统,如图 5-2 所示,其中,$m$ 表示上摩擦件质量,$k$ 和 $c$ 分别表示上摩擦件(油菜茎秆)在垂直方向的刚度系数和阻尼系数,并将它们按照并联的形式组合在一起。

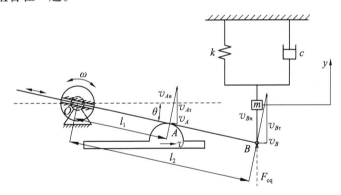

**图 5-2　往复摩擦中非光滑表面与油菜茎秆之间的碰撞接触**

由于往复运动的对称性,因而在该模型中只考虑往复摩擦中相对运动由正幅值到负幅值( $+A_{\max} \to -A_{\max}$ )的前半个周期的情况。用一根轻质杆 $OB$ 代替上摩擦件底面左侧的弧线,$OB$ 杆的右端与质量块 $m$ 在点 $B$ 通过铰链连接,左端与一个能绕点 $O$ 转动且底座固定的滑槽相连,$OB$ 杆与该滑槽之间的微小摩擦力忽略不计。假设下摩擦件表面的凸包与 $OB$ 杆在点 $A$ 开始发生碰撞接触,图中的 $v$ 表示下摩擦件的运动方向。$OB$ 杆与水平线的夹角用 $\theta$ 表示,绕点 $O$ 发生的旋转运动角速度用 $\omega$ 表示,$l_1$ 与 $l_2$ 分别表示线段 $\overline{OA}$ 和 $\overline{OB}$ 的长度,点 $A$ 和点 $B$ 的速度分解分别如图 5-2 所示,$F_{cq}$ 为垂直向上作用于点 $B$ 的等效瞬时冲击力。

## 5.2 数学模型的建立与推导

### 5.2.1 系统动力学方程的建立与等效瞬时冲击力 $F_{cq}$ 的推导

在图 5-2 所示的碰撞振动系统中,要求的响应是黏弹性系统在垂直方向上的位移 $y$,系统的激励是作用于点 $B$ 方向垂直向上的激励力 $F_{cq}$。该系统的单自由度动力学方程的标准形式表示如下:

$$m\ddot{y} + c\dot{y} + ky = F_{cq} \tag{5-1}$$

式中:$m$——系统的质量;

$c$——系统的阻尼系数;

$k$——系统的刚度系数;

$F_{cq}$——激励力。

由图 5-2 可见,激励力 $F_{cq}$ 是在垂直方向虚拟出来的等效作用力,不是由下摩擦件(凸包)水平运动直接作用于点 $B$ 而产生的。

$F_{cq}$ 的推导计算方法描述如下:

假设凸包与杆 $OB$ 首先作用于点 $A$ 并持续到点 $B$。由于这一过程的实际作用时间很短,因而凸包从点 $A$ 到点 $B$ 的作用过程可以简化为一个冲击过程。凸包运动(即下摩擦件的运动)是强制的余弦运动,且从点 $A$ 到点 $B$ 的水平距离很短,所以冲击过程中凸包的运动参数可视为恒定,可用凸包在碰撞起始点 $A$ 处的速度作为碰撞过程中的恒定速度 $v$。根据冲量原理,在冲击发生的一瞬间,杆 $OB$ 的位移尚未发生变化,但冲击接触点 $A$ 在该瞬间获得了一个动量增量。由于凸包运动是强制的,因而在碰撞发生的瞬间,杆 $OB$ 上的点 $A$ 获得了与凸包等同的速度。

杆 $OB$ 在碰撞瞬间获得了转动动量和移动动量。杆 $OB$ 的移动动量很小,可予以忽略,所以杆 $OB$ 获得的动量增量均为转动动

量。考虑到角速度与线速度的关系,有

$$v_{An} = l_1 \times \omega \tag{5-2}$$

$$v_A = v_{An} \times \sin\theta = l_1 \times \omega \times \sin\theta \tag{5-3}$$

$$\omega = v_A / (l_1 \times \sin\theta) = v / (l_1 \times \sin\theta) \tag{5-4}$$

式中:$v_A$——点 $A$ 在水平方向的速度;

$v_{An}$——点 $A$ 在杆 $OB$ 垂直方向上的速度。

$$v_{Bn} = l_2 \times \omega = \frac{1}{\sin\theta} \times \frac{l_2}{l_1} \times v \tag{5-5}$$

$$v_{B\tau} = v_{Bn} \times \cos\theta = \cot\theta \times \frac{l_2}{l_1} \times v \tag{5-6}$$

式中:$v_{Bn}$——点 $B$ 在杆 $OB$ 垂直方向上的速度;

$v_{B\tau}$——点 $B$ 在垂直方向上的速度。

结合图 5-2 的运动分解可得

$$P = m \times v_{B\tau} = \cot\theta \times \frac{l_2}{l_1} \times m \times v \tag{5-7}$$

式中:$P$——质量块 $m$ 在垂直方向上获得的瞬时动量。

由于质量块 $m$ 的初始动量为 0,因而 $P$ 也是质量块 $m$ 在此瞬时获得的动量增量。根据冲量定理的原理,质量块 $m$ 所获动量增量 $P$ 可视作在点 $B$ 沿垂直方向存在的等效瞬时冲击力 $F_{cq}$ 在极短时间 $\Delta t$ 内所做的贡献,即:

$$P = F_{cq} \times \Delta t \tag{5-8}$$

所以,等效瞬时冲击力 $F_{cq}$ 的计算方法可表示为

$$F_{cq} = P / \Delta t = \cot\theta \times \frac{l_2}{l_1} \times \frac{m \times v}{\Delta t} \tag{5-9}$$

### 5.2.2 碰撞时间 $\Delta t_i$ 的推导

下摩擦件表面一系列凸包在排列上是离散的,所以凸包对碰撞振动系统的激励作用也是离散的,因此等效激励力 $F_{cq}$ 也必然是一系列的离散作用力,此处用 $(F_{cq})_i$ 表示第 $i$ 个等效冲击作用力。

往复摩擦是周期运动,所以分析过程只需考虑摩擦位移从 $+A_{max} \rightarrow -A_{max}$ 的 1/2 个周期(对应速度 $0 \rightarrow v_{max} \rightarrow 0$)。由式(5-9)可

知,$F_{cq}$ 与凸包速度 $v$、作用时间 $\Delta t$、长度 $l_1$ 和 $l_2$ 及杆 $OB$ 的水平夹角 $\theta$ 有关,其中 $l_1$,$l_2$,$\theta$ 是系统的固定参数,将在后面给出具体的计算方法;$\Delta t$ 和 $v$ 是系统的动态参数,可做如下分析:

凸包在下摩擦件上等间距分布,但下摩擦件按余弦规律运动,所以相邻凸包与茎秆发生碰撞的时间间隔 $\Delta t$ 是变化的,可用 $\Delta t_i$ 表示第 $i+1$ 个凸包与第 $i$ 个凸包之间的时间间隔。设相邻凸包间距为 $b$,往复摩擦运动的振幅为 $A$(图 5-3),往复运动的圆频率为 $\omega_0$,用 $x$ 表示下摩擦件的往复位移,在 $x \in [-A,A]$ 内的凸包数为 $N$,由于第 1 个凸包接触时的速度为 0 不产生冲击力,因而在 $1/2$ 个周期内产生冲击力的凸包数为 $N-1$ 个,所以有

$$A = \frac{1}{2}b(N-1) \tag{5-10}$$

为计算方便,假设 $\Delta t_i$ 是以第 $i$ 个凸包和第 $i+1$ 个凸包的平均速度通过间距 $b$ 所用的时间,即

$$\Delta t_i = \frac{b}{(|v_{i+1}| + |v_i|)/2} = \frac{2b}{|\dot{x}_{i+1}| + |\dot{x}_i|}$$
$$(i = 1, 2, \cdots, N-1) \tag{5-11}$$

式中:$v_i$,$v_{i+1}$——第 $i$ 个凸包和第 $i+1$ 个凸包发生碰撞时的速度,$i \in [1, N-1]$ 且为整数。

将式(5-11)代入式(5-9)得

$$(F_{cq})_i = \cot\theta \cdot \frac{ml_2}{2l_1 b} \cdot |\dot{x}_{i+1}| \cdot (|\dot{x}_{i+1}| + |\dot{x}_i|)$$
$$(i = 1, 2, \cdots, N-1) \tag{5-12}$$

式中:$(F_{cq})_i$——第 $i$ 个等效冲击力,$i \in [1, N-1]$ 且为整数。

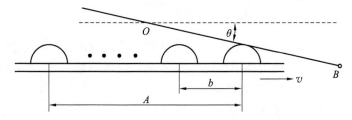

**图 5-3　往复摩擦中非光滑表面的凸包对碰撞振动系统的离散作用示意图**

当凸包的碰撞连续发生，$\Delta t_i$ 即凸包的碰撞时间，此时激励为连续阶跃激励；但当凸包的碰撞间断发生，实际碰撞时间将小于 $\Delta t_i$，此时的激励为非连续阶跃激励，如图 5-4 所示。

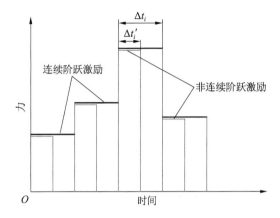

**图 5-4　连续阶跃激励与非连续阶跃激励示意图**

引入比例因子 $\eta$，并定义 $\Delta t_i = \eta \Delta t_i'$，用 $\Delta t_i'$ 表示考虑凸包间断碰撞时的实际碰撞时间。此时第 $i$ 个等效冲击力用 $(F_{cq}')_i$ 表示为

$$\Delta t_i' = \frac{\Delta t_i}{\eta} = \frac{1}{\eta} \cdot \frac{2b}{|\dot{x}_{i+1}| + |\dot{x}_i|}$$
$$(i = 1, 2, \cdots, \eta(N-1)) \tag{5-13}$$

$$(F_{cq}')_i = \begin{cases} \cot \theta \cdot \dfrac{\eta m l_2}{2 l_1 b} \cdot |\dot{x}_{i+1}| \cdot (|\dot{x}_i| + + |\dot{x}_i|) \\ \quad (i = 1, \eta+1, 2\eta+1, \cdots, (N-2)\eta+1) \\ 0 \quad [i = 2, 3, \cdots, \eta, \eta+2, \eta+3, \cdots, (N-2)\eta+2, \\ \quad (N-2)\eta+3, \cdots, (N-1)\eta] \end{cases} \tag{5-14}$$

### 5.2.3　结构参数 $\theta, l_1, l_2$ 的确定

获取结构参数 $\theta, l_1, l_2$ 的方法示意图如图 5-5 所示。在图中，连接专用夹具底部弧面的点 $O$ 和点 $B$ 所得线段 $\overline{OB}$ 即可作为碰撞接触模型中的 $OB$ 杆，其中，点 $O$ 为专用夹具底部弧面的左侧起始点，

点 $B$ 为专用夹具底部弧面的最低点。此时线段 $\overline{OB}$ 的长度即为 $l_2$，线段 $\overline{OB}$ 与水平线的夹角即为 $\theta$。

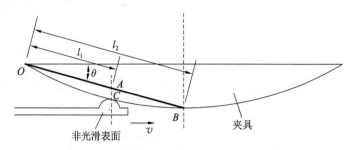

**图 5-5　获取结构参数 $\theta,l_1,l_2$ 的方法示意图**

确定碰撞初始接触点 $A$ 的方法:设下摩擦件由左向右运动后，首先与茎秆夹具底部弧面接触于点 $C$(图 5-5)，然后过点 $C$ 沿竖直方向作直线，与线段 $\overline{OB}$ 相交于点 $A$，则点 $A$ 即为碰撞接触模型中的碰撞接触点 $A$。如此所得的点 $A$ 能够保证式(5-11)所求 $\Delta t_i$ 符合实际情况，此时线段 $\overline{OA}$ 的长度即为 $l_1$。

### 5.2.4　系统响应的计算方法推导

对于典型的单自由度黏弹性阻尼系统 $m\ddot{y}+c\dot{y}+ky=F$ 可稍作变换为

$$\ddot{y}+2n\dot{y}+p^2y=\frac{F}{m} \qquad (5\text{-}15)$$

式中:$\dfrac{c}{m}=2n,\dfrac{k}{m}=p^2$。

对于系统 $\ddot{y}+2n\dot{y}+p^2y=0$，易知其自由振动响应为

$$y=\mathrm{e}^{-nt}\left(y_0\cos p_\mathrm{d}t+\frac{\dot{y}_0+ny_0}{p_\mathrm{d}}\sin p_\mathrm{d}t\right) \qquad (5\text{-}16)$$

式中:$y_0$ 和 $\dot{y}_0$ 为初始位移和初始速度;$p_\mathrm{d}=\sqrt{p^2-n^2}$。

当激励 $F$ 为任意形式的激励力时，式(5-16)所表示单自由度黏弹性阻尼系统的受迫振动响应可由 Duhamel 积分公式作为基本

的求解方法予以应用。Duhamel 积分的基本思想:将任意形式的激励 $F$ 在时间长度 $t$ 内对系统的作用视作由一系列元冲量 $\mathrm{d}I = F\mathrm{d}t$ 连续累积的迭加作用,对于其中单独一个元冲量的作用效果可做如下分析:

假设在 $t = \tau$ 时刻系统受到一个元冲量 $F(\tau)\mathrm{d}\tau$ 的作用,那么根据碰撞理论和动量原理可知,系统在该瞬时会获得一个动量增量(速度增量),但系统在该瞬时的位置不会发生变化(位移增量为 0)。

动量增量为

$$\mathrm{d}(m\dot{y}) = F(\tau)\mathrm{d}\tau \tag{5-17}$$

速度增量为

$$\mathrm{d}\dot{y} = \frac{F(\tau)}{m}\mathrm{d}\tau \tag{5-18}$$

此时系统对元冲量 $F(\tau)\mathrm{d}\tau$ 的受迫振动响应可看作系统在任意时刻 $t = \tau$ 获得一个初速度 $\mathrm{d}\dot{y}$ 后的自由振动响应。为计算方便,用时间变换 $\xi = t - \tau$ 将时间变量的坐标起点变换到 $\xi = 0$ 的时刻。

在 $\xi = 0$ 时,系统的初始条件为

$$\begin{cases} y_0 = 0 \\ \dot{y}_0 = \mathrm{d}\dot{y} = \dfrac{F(\tau)}{m}\mathrm{d}\tau \end{cases} \tag{5-19}$$

将此初始条件代入式(5-16)中可得 $\xi > 0$ 时系统在元冲量 $F(\tau)\mathrm{d}\tau$ 作用下的响应为

$$\mathrm{d}y = \mathrm{e}^{-n\xi}\frac{F(\tau)\mathrm{d}\tau}{mp_\mathrm{d}}\sin p_\mathrm{d}\xi = \left[\mathrm{e}^{-n(t-\tau)}\frac{F(\tau)}{mp_\mathrm{d}}\sin p_\mathrm{d}(t-\tau)\right]\mathrm{d}\tau \tag{5-20}$$

根据线性迭加原理,可得系统对任意激励 $F$ 的总响应为

$$y(t) = \int_0^y \mathrm{d}y = \frac{\mathrm{e}^{-nt}}{mp_\mathrm{d}}\int_0^t \mathrm{e}^{n\tau}F(\tau)\sin p_\mathrm{d}(t-\tau)\mathrm{d}\tau \tag{5-21}$$

式(5-21)适用于黏弹性系统受任意激励的响应分析。为求全面,若再考虑到初始条件 $y_0$ 和 $\dot{y}_0$ 均为非零时的自由振动响应,即结合式(5-16)的自由振动响应和式(5-21)的受迫振动响应可得黏

弹性系统的总响应为

$$y(t) = \mathrm{e}^{-nt}\left(y_0\cos p_\mathrm{d}t + \frac{\dot{y}_0 + ny_0}{p_\mathrm{d}}\sin p_\mathrm{d}t\right) + \frac{\mathrm{e}^{-nt}}{mp_\mathrm{d}}\int_0^t \mathrm{e}^{n\tau}F(\tau)\sin p_\mathrm{d}(t-\tau)\mathrm{d}\tau$$

$$(5\text{-}22)$$

当激励为一突加恒定载荷激励(即阶跃激励)$F = F_0$ 时,假设系统初始条件 $y_0$ 和 $\dot{y}$ 均为 0,并使用时间变换 $\xi = t - \tau$,则直接应用式(5-21)计算得系统响应为

$$\begin{aligned}
y(t) &= \frac{F_0}{mp_\mathrm{d}}\int_0^t \mathrm{e}^{-n(t-\tau)}\sin p_\mathrm{d}(t-\tau)\mathrm{d}\tau \\
&= -\frac{F_0}{mp_\mathrm{d}}\int_t^0 \mathrm{e}^{-n\xi}\sin p_\mathrm{d}\xi\mathrm{d}\xi \\
&= -\frac{F}{mp_\mathrm{d}}\left[\frac{\mathrm{e}^{-n\xi}}{n^2 + p_\mathrm{d}^2}(-n\sin p_\mathrm{d}\xi - p_\mathrm{d}\cos p_\mathrm{d}\xi)\right]_t^0 \\
&= \frac{F_0}{mp_\mathrm{d}}\left[\frac{p_\mathrm{d}}{p^2} + \frac{\mathrm{e}^{-nt}}{p^2}(-n\sin p_\mathrm{d}t - p_\mathrm{d}\cos p_\mathrm{d}t)\right] \\
&= \frac{F_0}{k}\left[1 - \mathrm{e}^{-nt}\left(\frac{n}{p_\mathrm{d}}\sin p_\mathrm{d}t + \cos p_\mathrm{d}t\right)\right] \\
&= \frac{F_0}{k}\left[1 - \mathrm{e}^{-nt}\frac{p}{p_\mathrm{d}}\cos(p_\mathrm{d}t - \alpha_\mathrm{d})\right]
\end{aligned}$$

$$(5\text{-}23)$$

式中:$\alpha_\mathrm{d} = \arctan\left(\dfrac{n}{p_\mathrm{d}}\right)$。

式(5-23)表示系统对阶跃激励的响应是一个静偏移 $\dfrac{F_0}{k}$ 和一个振幅按 $\dfrac{F_0 p}{k p_\mathrm{d}}\mathrm{e}^{-nt}$ 做指数衰减的自由振动的合成。对矩形脉冲激励而言,在脉冲激励发生的时间内,系统的响应与式(5-23)所表示的阶跃激励响应相同。在本书中,当 $\eta \neq 1$ 时,系统的响应包含矩形脉冲激励的受迫响应和紧随其后的自由振动响应,现假设矩形脉冲 $F_0$ 的激励作用时间为 $t \in [0, t_1]$,且在 $t_1 \leqslant t$ 时激励为 0,即

$$F(t) = \begin{cases} F_0 & (0 \leqslant t \leqslant t_1) \\ 0 & (t_1 < t) \end{cases}$$

设初始条件为 $\begin{cases} y_0 = 0 \\ \dot{y}_0 = 0 \end{cases}$，此时系统的响应为

$$y(t) = \begin{cases} \dfrac{F_0}{k} \Big[ 1 - \mathrm{e}^{-nt} \Big( \dfrac{n}{p_\mathrm{d}} \sin p_\mathrm{d} t + \cos p_\mathrm{d} t \Big) \Big] & (0 \leqslant t \leqslant t_1) \\[2mm] \dfrac{F_0}{mp_\mathrm{d}(n^2 + p_\mathrm{d}^2)} \mathrm{e}^{-nt} \times \{ n [ \mathrm{e}^{nt_1} \sin p_\mathrm{d}(t - t_1) - \sin p_\mathrm{d} t ] + \\ \quad p_\mathrm{d} [ \mathrm{e}^{nt_1} \cos p_\mathrm{d}(t - t_1) - \cos p_\mathrm{d} t ] \} & (t_1 < t) \end{cases} \tag{5-24}$$

式(5-24)中的第一个结果为系统受迫振动的响应,第二个结果为自由振动的响应。结合数值计算方法,在 Matlab 中对式(5-24)进行编程求解。

## 5.3　算例与结果讨论

### 5.3.1　计算参数

数值计算中使用的各参数值如表 5-1 所示。其中,凸包间距 $b$ 的选择与实际摩擦试验中下摩擦件的凸包间距相同,1/2 周期内的凸包数按照往复摩擦振幅 $A = 12.5$ mm 计算所得,质量块 $m$ 参考了上摩擦件(即油菜茎秆)的质量范围 $(2 \pm 0.5)$ g 设为 2 g,圆频率依据往复频率 1.67,5.00,8.33,11.67 Hz 分别换算得到。在本算例中,取比例因子 $\eta = 2$。

**表 5-1　数值计算所用参数及其取值**

| 参数名称及标号 | 参数值 | 单位 |
| --- | --- | --- |
| 凸包间距 $b$ | 2.5 | mm |
| 1/2 周期内凸包数 $N$ | 11 | |
| 质量块 $m$ | 2 | g |
| 弹簧刚度 $k$ | 1500 | N/m |
| 黏性阻尼 $c$ | 0.68 | Ns/m |
| 阻尼比 $\xi$ | 0.2 | |

续表

| 参数名称及标号 | 参数值 | 单位 |
|---|---|---|
| 比例因子 $\eta$ | 2 | |
| 杆长 $l_2$ | 15.5 | mm |
| 杆长 $l_1$ | 8.5 | mm |
| 杆倾角 $\theta$ | 15 | 度 |
| 圆频率 $\omega_0$ | 10.49 | rad/s |
| | 31.4 | |
| | 52.31 | |
| | 73.29 | |
| $p = \sqrt{k/m}$ | $500\sqrt{3}$ | |
| $n = c/2m$ | 170 | |
| $p_d = \sqrt{p^2 - n^2}$ | 849.176 | |

## 5.3.2 结果与讨论

将试验获得的上摩擦件垂直位移和按照表 5-1 进行数值计算所得的垂直位移绘制在同一张图中进行比较,如图 5-6 所示。

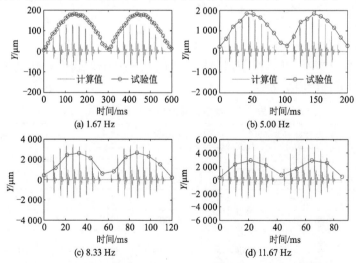

(a) 1.67 Hz

(b) 5.00 Hz

(c) 8.33 Hz

(d) 11.67 Hz

**图 5-6　4 种频率的往复摩擦中垂直方向理论计算值与试验值比较**

　　由图 5-6 可见,除了幅值的范围和周期的不同之外,采用不同往复频率计算得出的曲线是类似的。图 5-7 是将图 5-6a 放大后显示的 1/4 周期内计算结果曲线图。由图 5-7 可见,在每一个冲击碰撞后的响应部分都明显包含受迫振动与自由振动两部分,每个自由振动部分都逐渐衰减,且波形图的负值部分显著小于正值部分。在与实测垂直位移曲线进行对比后可以看到(图 5-6),计算结果的幅值变化与实测值基本吻合,但由于实测试验的采样率较低(100 Hz),因此实测值不能显示更多的细节。另外,实测值未显示出负值部分,这或许是因为实际阻尼比高于算例所用阻尼比,有待进一步研究。

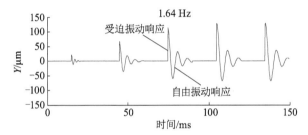

**图 5-7　往复频率为 1. 67 Hz 时 1/4 周期内垂直位移的理论计算结果**

　　通过在不同的往复频率条件下对比理论值与实测值可以发现,在往复频率为 5. 00 Hz 时,理论计算的振动幅值与实测的振动幅值一致性较好,但在低频摩擦时(1. 67 Hz)实测幅值明显高于理论计算幅值,在高频摩擦时(8. 33 Hz 和 11. 67 Hz)实测幅值则明显低于理论计算幅值。这说明本书所建立的碰撞振动模型并不能在全部的往复频率范围内与实测试验相吻合。事实上,由图 5-6c 和图 5-6d 可见,实测垂直位移幅值最大不超过 3 000 μm,但理论计算的位移幅值已达到 5 000 μm 左右,考虑到摩擦试验中在垂直方向存在的约束条件,垂直位移达到 5 000 μm 是不可能的,这是所建立的理论模型没有考虑系统垂直方向存在一定的约束条件所致。

　　本书所建立的碰撞振动理论模型从理论上解释了油菜茎秆与非光滑金属表面的往复摩擦中在垂直方向存在微小振动的现象,

从侧面理解了非光滑金属表面对油菜物料的减阻效应。

## 5.4　小结

　　本章对非光滑金属表面与油菜茎秆之间往复摩擦时出现的微振现象建立了物理和数学模型,给出了理论计算的算例,并将理论值与实测值进行了对比分析。结果表明:当比例因子不等于 1 时,在每一个凸包产生的冲击响应中都包含受迫振动响应和自由振动响应,阻尼的存在导致自由振动响应部分逐渐衰减;在阻尼比为0.2、比例因子为 2 时的理论计算结果与实测试验所得的垂直位移大致吻合;在往复频率为 5.00 Hz 时,理论计算的振动幅值变化规律与实测垂直位移的变化规律吻合程度较好,在低频摩擦(1.67 Hz)时实测值较高,在高频摩擦(8.33 Hz 和 11.67 Hz)时理论值较高。

# 第6章 油菜筛面黏附物黏附特性研究

油菜脱出物与清选筛面之间除了存在复杂的摩擦关系之外,还存在大量的黏附关系,尤其是能够形成筛面黏附物的那部分脱出物,其与筛面之间的黏附关系最为密切。研究油菜筛面黏附物与不同筛面之间的黏附特性,有助于从黏附的角度分析油菜物料与筛面之间的接触关系,从而更加有利于解决油菜脱出物的黏筛堵孔问题。

## 6.1 黏附测试

### 6.1.1 测试方案的选择

一般认为,黏附可分为法向黏附和切向黏附。本书主要研究不同筛面基体与油菜筛面黏附物之间的法向黏附。法向黏附的测量一般是对黏附界面的法向力进行测量,以法向力的大小衡量界面之间的黏附特性,测量程序一般是先进行法向恒力加载并保时,然后在卸载时测量黏附界面的脱附力,并以最大脱附力作为法向黏附力。法向黏附的测量设备有专用的黏附测量仪,也有对通用设备在硬件软件方面加以改造而制成的黏附测量仪。

在本研究中,经由多次预备试验发现,油菜筛面黏附物(混合物)的内聚力比界面黏附力小,导致油菜筛面黏附物(混合物)与不同筛面之间的法向黏附力难以测量,以致以现有设备与方法难以得出其界面黏附特性。为此,针对本研究的特殊情况,笔者提出以残留黏附面积 $r$ 为直接测量参数,并以残留黏附面积 $r_i$ 为基础参数,引入黏附率 $\mu_i$、减黏率 $\tau_i$ 为衡量界面黏附程度的指标,即定义:

$$\mu_i = \frac{r_i}{s_i} \times 100\% \tag{6-1}$$

$$\tau_i = \left(1 - \frac{\mu_i}{\mu_0}\right) \times 100\% \tag{6-2}$$

式中：$r_i$——黏附残留面积；

$\quad\quad s_i$——筛面基体面积；

$\quad\quad \mu_i$——黏附率；

$\quad\quad \mu_0$——普通筛面基体的黏附率；

$\quad\quad \tau_i$——减黏率。

由于本研究中残留在筛面基体上的油菜黏附物形状不规则且分布不规律，因而不能通过规则几何图形的面积计算公式得到其面积。图像处理技术已被广泛应用于基于机器视觉的非接触测量，其中基于图像处理技术，并针对不规则形状与分布图像的面积测量方法已多有报道且已得到了良好的应用，因此，本研究采用图像处理技术对所需要的黏附残留面积进行准确测量。

### 6.1.2　测试系统的构建及测试参数的选择

研究所构建的测试系统组成包括 CCD（佳能 A610）、三脚架、高频摄影灯和一个斜面载物台，如图 6-1 所示。辅助设备包括 WDW30005 型万能试验机、型粉碎机和冰柜。

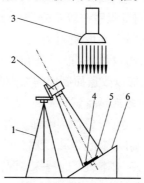

1—三脚架；2—CCD；3—摄影灯；4—限位挡块；5—拍摄对象；6—载物台。

**图6-1　油菜黏附测试系统示意图**

如图 6-1 所示,数码相机安装在三脚架上,并将镜头轴线调至与载物台的斜面垂直,以此保证拍摄画面没有因拍摄角度而产生畸变;高频摄影灯放置在相机旁边的固定位置并对着载物台进行照射,以保证拍摄环境的光强稳定;载物台中央贴一块 250 mm × 250 mm 的坐标纸,以此对拍摄画面进行标定;载物台中央偏下的位置装有一个限位挡块,用以限制筛面基体在载物台斜面上向下滑动。全部的测试过程中,要求三脚架、数码相机、高频摄影灯和载物台的位置都固定不动。经多次调试,为保证相机镜头畸变最小且使拍摄对象充满相机画面,将相机的焦距固定为 29 mm、光圈固定为 F4.1。

采用 WDW30005 型万能试验机对平放在筛面黏附物上的筛面基体施加垂直方向的法向恒力并保时,如图 6-2 所示。经多次预备试验,并考虑实际筛面黏附物的承重,将垂直方向的法向恒力设定为 5 N,将恒力的保持时间设定为 60 s。

**图 6-2　万能试验机对黏附界面进行加载保时**

黏附试验采用新鲜物料作为黏附物。从田间油菜联合收割机筛面上获得的筛面黏附物,其中各成分的比重会因田块、气候、田间管理等多种因素的不同而产生随机性的差别,这不利于试样(黏附物料)的规范化安排,且将其从田间带回实验室后,物料往往已不是最新鲜的状态,而这对其黏附特性的影响较大。本试验采用

JYL – 350 型粉碎机在室内对收获期的新鲜油菜茎秆和角果进行粉碎，以获得类似的新鲜油菜混合物并立即在室内展开试验，这样不仅可以规范地配制物料中各成分的比重，还可以保证物料处于新鲜状态。

### 6.1.3 油菜混合物的配制

由于物料是人工配制，因而可以通过配制不同成分与比重的物料进行黏附试验，以便初步摸索出物料成分及其比重对黏附的影响。

设计的几种油菜混合物配方应该使油菜混合物中的主要成分（茎秆和角果）的比重适当拉开差距，以便于突显成分及其比重对黏附特性的影响，为此，按照油菜茎秆质量占总质量的比重由高到低（角果质量占总重的比重由低到高）设计了编号为 A、B、C 的三种配方，如表 6-1 所示。

**表 6-1 油菜黏附试验所用混合物的配方** g

| 配方标记 | A | B | C | D | E | F |
|---|---|---|---|---|---|---|
| 茎秆 | 37.8 | 32 | 26 | 28 | 28 | 28 |
| 角果 | 17.3 | 28 | 34 | 22 | 22 | 22 |
| 杂草 | — | — | — | 2.7 | 10 | 20 |
| 总重 | 55.1 | 60 | 60 | 52.7 | 60 | 70 |

根据田间的实际工况，田间杂草也会对油菜脱出物与筛面之间的黏附产生较为明显的影响，为此，又设计了 D、E、F 三种添加了不同比重杂草的配方，这三种配方中的茎秆质量和角果质量均选为固定值（其茎秆与角果的质量比重与配方 B 接近）。实际油菜田里杂草种类较多，为简化试验，选用镇江地区油菜田里较为常见的野茼蒿草（图 6-3）作为配方中的杂草成分。

**图 6-3　野茼蒿草实物图**

设计的 6 种物料配方见表 6-1,每种配方的含水率及其中各成分占总质量的比重见表 6-2。

**表 6-2　不同配方油菜混合物的含水率及其中各成分占总体的质量比重　%**

| 配方标记 | A | B | C | D | E | F |
|---|---|---|---|---|---|---|
| 茎秆 | 68.6 | 53.3 | 43.3 | 53 | 46.7 | 40 |
| 角果 | 31.4 | 46.7 | 56.7 | 42 | 36.7 | 31.4 |
| 杂草 | — | — | — | 5 | 16.6 | 28.6 |
| 含水率 | 73.1 | 70.3 | 62 | 69 | 68 | 70.6 |

制作混合物时,首先按照配方中各成分的质量分别进行称重,然后再用粉碎机分别粉碎茎秆、角果和杂草,最后将各部分混合均匀。新鲜的油菜混合物制作完成之后立即展开试验,试验中途对残留黏附物进行图像采集时使用冰箱对所制混合物进行保鲜。粉碎并混合之后的油菜混合物如图 6-4 所示,田间采集的筛面黏附物如图 6-5 所示。对比图 6-4 与图 6-5 可知,所配混合物与田间筛面黏附物很类似。经检验,所配各混合物的组成成分及尺寸分布均符合参考文献。因此,所配制的油菜混合物可以作为油菜筛面黏附物的替代品进行黏附试验。

图6-4　油菜黏附试验中人工配制的油菜混合物实物图

图6-5　田间采集的油菜筛面黏附物实物图

### 6.1.4　筛面基体

所选筛面基体共 9 块,基体尺寸均为 75 mm × 60 mm,其中 1 块表面光滑,材料为拉延 IF 钢,在本试验中编号为 0,另外 8 块为仿生非光滑表面筛面基体,其中 4 块为第 4 章所用的 4 块仿生板,另外 4 快筛面基体除材料选用不锈钢之外,其他尺寸与拉延 IF 钢材质的4 块仿生板一样。仿生筛面基体的编号及参数见表 6-3。

表6-3　黏附试验中所用仿生筛面基体的编号及参数

| 编号 | 1 | 2 | 3 | 4 | 5 | 6 | 7 | 8 |
|---|---|---|---|---|---|---|---|---|
| 材料 | 拉延 IF 钢 | | | | 不锈钢 | | | |
| 形态 | 凸包 | 凹坑 | 凸包 | 凹坑 | 凸包 | 凹坑 | 凸包 | 凹坑 |
| 尺寸/mm | $\phi 0.2$ | $\phi 0.2$ | $\phi 0.1$ | $\phi 0.1$ | $\phi 0.2$ | $\phi 0.2$ | $\phi 0.1$ | $\phi 0.1$ |

### 6.1.5　黏附试验的操作流程

黏附试验为全排列试验,每个试验重复 3 次,共采集 162 张照片。每次的操作流程如下:

① 把新鲜的油菜混合物装入一方形容器并置于万能试验机上,将筛面基体平放在物料上,采用万能试验机对其加载 5 N 的恒力并保时 60 s。

② 缓慢卸载所施加的恒力,小心取出筛面基体,将黏附面翻转朝上并轻轻置于载物台上固定位置。

③ 采用相机的 2 s 延迟自拍模式对筛面基体进行拍照。

④ 记录照片编号,将筛面基体表面清理干净。

⑤ 重新混合物料进行重复试验。

## 6.2　试验数据的处理方案

### 6.2.1　基于数字图像技术的面积测量概述

基于数字图像技术的面积测量方法及其应用已有大量报道,其基本原理:提取图像中的目标特征并计算其像素点的数量,再根据当前图像中每个像素点与实际对象面积之间确定的对应关系最终计算出目标特征的面积。该方法的优点:设备成本低,只需一台普通数码相机和相关辅助设备即可;测量方式为非接触式测量且对目标特征的几何形状与分布状况没有要求。该方法的难点与不足之处:没有通用的提取、分割目标特征的方法,只能针对具体情况对提取方法加以选择使用。

本研究充分利用该方法的优点,同时经过反复尝试,摸索出了能满足本试验要求的特征提取分割方法。其中,针对筛面基体上的油菜黏附物均为绿色这一特点,采用超绿特征提取法对目标特征进行提取;针对图像拍摄环境稳定、所拍图像内容极为相似等特点,采用多次尝试、人工比对的办法得到适合对已提取的目标特征进行分割的通用阈值。

### 6.2.2　关系系数的标定

基于数字图像技术的面积测量方法中,关系系数的标定是必不可少的一步。所标定的关系系数必须准确、稳定地反映图像像素个数与其对应实际面积之间的关系。具体实施中,可以分别考察图像中点、线、面的像素所对应的实际面积大小,但是直接考察一个像素所代表的实际面积往往难以操作,考察图像中一块"像素矩阵"所代表的实际面积又往往不够准确(因为图像可能有不可忽略的畸变,所选像素矩阵的大小也会影响标定系数的准确性与稳定性),因此本研究选择对单位长度上的像素个数进行考察,得到准确的长度与像素个数之间的关系,然后由长度关系换算到面积关系,这样既有可操作性又能保证准确性。系数的单位可以"$X$ 个像素/平方毫米",也可以是"$X$ 平方毫米/个像素",本书选择前者。

研究中相机的位置、焦距和载物台(及其上坐标纸)的位置全部固定不动,因此关系系数应该是稳定的,不需要对每一张图片都进行标定。但是,为了保证标定的准确性与稳定性,笔者仍然随机选择了 3 张图像,并对每张图像的不同部位进行标定。具体步骤如下:

① 使用 Photoshop 软件打开拍摄有坐标纸的图像,将图像放大,使图像中直尺部分在画面中显示 1 cm 的长度,使用裁剪工具在画面中裁剪出长 10 mm、宽 1 mm 的区域并保存,其中,主要保证10 mm 的长度准确,如图 6-6 所示。

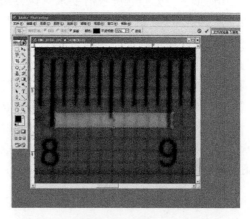

**图 6-6　在 Photoshop 软件中截取长 10 mm、宽 1 mm 的区域**

② 查看保存之后的图像像素信息,其尺寸显示为"$135 \times 16$",这表示在该图像中,实际 10 mm 的长度方向上有 135 个像素点。

③ 选择该图像中的其他两部分,分别重复操作 1 次,再随即选

择 2 张照片各重复操作 3 次。

最后的结果显示,所拍摄的所有图像中,实际 10 mm 的长度方向上所拥有的像素点数均为 135 个,则 1 cm$^2$ 面积的图像上像素个数为 18 225 个,即 1 mm$^2$ 面积的图像上像素个数为 182.25 个。

设关系系数用 $k$ 表示,则有 $k = 182.25/\text{mm}^2$。

### 6.2.3　图像中目标特征的提取

图像处理技术中,目标特征的提取是后续一切处理的前提与基础。关于有效的目标特征提取方法的研究也得到了广泛的重视,但到目前为止,尚无通用的有效提取方法,合理的目标特征提取方法必须根据具体情况进行分析选择。

超绿特征提取法:分别提取 RGB 图像中的 R、G、B 颜色分量,并将加重的 G 分量与 R 分量和 B 分量做矩阵减法,从而提取图像中的绿色特征。该方法多应用于基于机器视觉的农业试验中对绿色农作物特征的提取,效果较好。本书中欲提取的目标特征均为新鲜的油菜物料,其鲜明的特点是目标特征的颜色均为绿色。因此,本书中的目标特征提取方法采用超绿特征提取法应该能达到比较好的效果。Matlab 拥有强大的矩阵运算能力和丰富的各类专用工具箱函数,其中包括图像处理工具箱函数,这是很多图像处理研究者首选的工具。因此,本书选用 Matlab 图像处理工具箱作为试验图像的处理工具。具体实施如下:

① 先读取试验图像;

② 分别提取该实验图像的 R、G、B 分量,并分别保存;

③ 计算 2G − R − B,得到超绿特征提取图像,显示并保存。

本试验中特征提取的 Matlab 代码如下:

```
A = imread('image. jpg');              %读取图片
R = A(:,:,1);                          %提取 R 分量
G = A(:,:,2);                          %提取 G 分量
B = A(:,:,3);                          %提取 B 分量
supergreen = 2 * G − R − B;           %提取超绿特征
```

图 6-7a 和图 6-8a 分别为普通光滑筛面和仿生非光滑筛面的

残留黏附物原图,对其提取超绿特征后的灰度图分别如图 6-7b 和图 6-8b 所示。对比图 6-7 及图 6-8 可知,所提取的超绿特征符合本试验的要求。

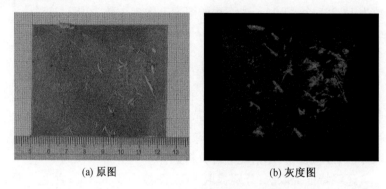

(a) 原图        (b) 灰度图

**图 6-7** 普通光滑筛面基体上的残留黏附物原图及其超绿特征提取后的灰度图

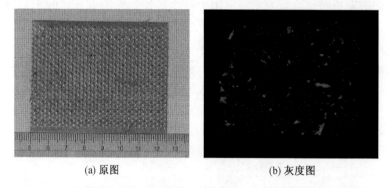

(a) 原图        (b) 灰度图

**图 6-8** 仿生非光滑筛面基体上的残留黏附物原图及其超绿特征
提取后的灰度图

### 6.2.4 图像中已提取特征的分割

提取特征之后还需要对其进行分割,以使目标特征更为明确,以便后续的处理能顺利展开。图像特征分割的好坏会直接影响后续处理的精度,因此在整个图像处理过程也是非常关键的一步。常用的分割方法和最基本的方法是阈值分割法,其基本原理如下:

系统根据所给的阈值 $\varepsilon$ 对灰度图像进行二值化处理,将灰度值小于阈值与灰度值大于阈值的像素分别赋值为 0 和 1,使图像成为目标特征鲜明的二值图像。

阈值分割的关键在于阈值的选取或计算,阈值选择得合理与否直接影响分割的优劣甚至对错,众多图像处理的研究者在这方面做了大量的工作,提出了各种计算或者选择合理阈值的方法。但是,跟图像目标特征的提取研究一样,目前也没有一种通用的合理阈值获取方法,必须根据具体情况进行具体分析。例如,若采用常用的最大类间方差算法(otsu 法)求得的自适应阈值对本书中所提取的超绿特征图像进行二值化阈值分割之后,所得的图像是黑乎乎一片,完全不能使用。针对本试验中拍摄环境稳定且所拍图像内容非常类似的特点,经过多次尝试,决定采用多次尝试选择、人工识别对比的办法获取一个稳定、可靠、有效的阈值。经过多次预处理试验,选择 0.15 为本试验中的分割阈值(仅有 4 张图像将阈值微调为 0.16)。实践证明,该阈值能够合理地对超绿特征图像进行二值化阈值分割。具体实施如下:

① 二值化阈值分割,显示分割后的二值图像;

② 显示之前提取超绿特征后的图像二维灰度直方图;

③ 以超绿特征图像的二维灰度直方图为参考,人工比较超绿特征图像和二值化阈值分割后的二值图像。若可行,则保存二值图像及超绿特征的图像二维灰度直方图。

实践表明,阈值 0.15 对于本试验中绝大多数图像的二值化分割是很合理的。

本试验中二值化处理的 Matlab 代码如下:

```
BW = im2bw(supergreen, 0.15);          %二值化
figure,imshow(BW);                     %显示二值化图像
imhist(supergreen);                    %显示超绿特征图的直方图
```

图 6-9 和图 6-10 分别为普通光滑筛面和仿生非光滑筛面黏附物的二值化图像及其二维灰度直方图。分别对比图 6-9a 与图 6-7b 及图 6-10a 与图 6-8b 可知,所分割的目标特征符合本试验的要求。

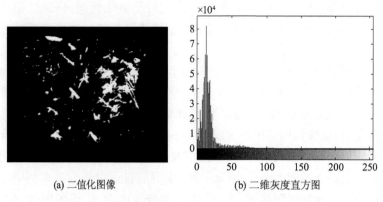

(a) 二值化图像　　　　　　　　(b) 二维灰度直方图

**图 6-9　普通光滑筛面黏附物超绿特征的二值化图像及其二维灰度直方图**

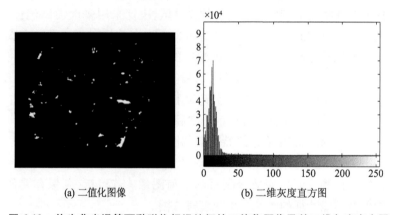

(a) 二值化图像　　　　　　　　(b) 二维灰度直方图

**图 6-10　仿生非光滑筛面黏附物超绿特征的二值化图像及其二维灰度直方图**

### 6.2.5　图像中特征的面积计算

图像中目标特征的面积是本试验的直接测量参数。在前述目标特征的提取、分割工作顺利完成之后，计算目标特征的面积也就水到渠成。计算分两步：

① 计算目标特征的像素点个数，并保存；

② 将目标特征的像素点个数除以前述所标定的关系系数 $k$，就得到目标特征的实际面积，并保存。

目标特征的面积计算代码如下：

```
p = bwarea(BW);        %计算目标像素数
S = p/k;               %计算目标面积
```

## 6.3 试验结果与分析

将每小组试验重复 3 次得到的面积进行求和平均，再按式(6-1)和式(6-2)分别计算出黏附率和减黏率，按组分别列于表6-4至表6-9 中。

**表 6-4 第一组黏附试验的黏附率与减黏率**

| 物料配方A | 0 | 1 | 2 | 3 | 4 | 5 | 6 | 7 | 8 |
|---|---|---|---|---|---|---|---|---|---|
| 面积/mm² | 357.56 | 96.74 | 142.62 | 88.61 | 181.65 | 119.63 | 220.47 | 160.95 | 206.85 |
| 黏附率/% | 8 | 2 | 3 | 2 | 4 | 3 | 5 | 4 | 5 |
| 减黏率/% | — | 73 | 60 | 75 | 49 | 67 | 38 | 55 | 42 |

**表 6-5 第二组黏附试验的黏附率与减黏率**

| 物料配方B | 0 | 1 | 2 | 3 | 4 | 5 | 6 | 7 | 8 |
|---|---|---|---|---|---|---|---|---|---|
| 面积/mm² | 443.87 | 78.95 | 87.34 | 60.42 | 137.98 | 169.25 | 175.15 | 102.08 | 119.51 |
| 黏附率/% | 10 | 2 | 2 | 1 | 3 | 4 | 4 | 2 | 3 |
| 减黏率/% | — | 82 | 80 | 86 | 69 | 62 | 61 | 77 | 73 |

**表 6-6 第三组黏附试验的黏附率与减黏率**

| 物料配方C | 0 | 1 | 2 | 3 | 4 | 5 | 6 | 7 | 8 |
|---|---|---|---|---|---|---|---|---|---|
| 面积/mm² | 222.07 | 96.66 | 133.05 | 88.06 | 130.21 | 122.29 | 176.03 | 123.47 | 219.74 |
| 黏附率/% | 5 | 2 | 3 | 2 | 3 | 3 | 4 | 3 | 5 |
| 减黏率/% | — | 56 | 40 | 60 | 41 | 45 | 21 | 44 | 1 |

表 6-7　第四组黏附试验的黏附率与减黏率

| 物料配方 D | 0 | 1 | 2 | 3 | 4 | 5 | 6 | 7 | 8 |
|---|---|---|---|---|---|---|---|---|---|
| 面积/mm² | 172.27 | 85.98 | 138.02 | 54.81 | 145.25 | 122.85 | 115.79 | 92.49 | 110.53 |
| 黏附率/% | 4 | 2 | 3 | 1 | 3 | 3 | 3 | 2 | 2 |
| 减黏率/% | — | 50 | 20 | 68 | 16 | 29 | 33 | 46 | 36 |

表 6-8　第五组黏附试验的黏附率与减黏率

| 物料配方 E | 0 | 1 | 2 | 3 | 4 | 5 | 6 | 7 | 8 |
|---|---|---|---|---|---|---|---|---|---|
| 面积/mm² | 292.35 | 109.91 | 135.59 | 85.01 | 136.40 | 122.07 | 94.61 | 86.29 | 103.86 |
| 黏附率/% | 6 | 2 | 3 | 2 | 3 | 3 | 2 | 2 | 2 |
| 减黏率/% | — | 62 | 54 | 71 | 53 | 58 | 68 | 70 | 64 |

表 6-9　第六组黏附试验的黏附率与减黏率

| 物料配方 F | 0 | 1 | 2 | 3 | 4 | 5 | 6 | 7 | 8 |
|---|---|---|---|---|---|---|---|---|---|
| 面积/mm² | 136.86 | 39.14 | 91.11 | 89.00 | 55.80 | 66.34 | 96.34 | 74.34 | 114.68 |
| 黏附率/% | 3 | 1 | 2 | 2 | 1 | 1 | 2 | 2 | 3 |
| 减黏率/% | — | 71 | 33 | 35 | 59 | 52 | 30 | 46 | 16 |

　　将数据绘制成柱状图,6 种配方的油菜混合物在各筛面基体上的黏附率如图 6-11 所示。仿生筛面基体对 6 种配方的油菜混合物的减黏率如图 6-12 所示。

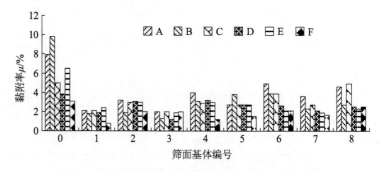

图 6-11　6 种配方的油菜混合物在各筛面基体上的黏附率

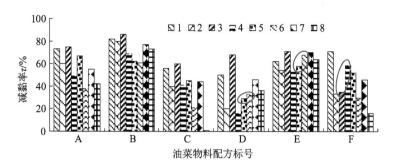

**图 6-12　仿生筛面基体对 6 种配方的油菜混合物的减黏率**

### 6.3.1　筛面形态对黏附特性的影响

由图 6-11 可知,对每一种配方的物料而言,0 号筛面基体的黏附率都是最高的,最高达到 10% ,而 1~8 号筛面基体的黏附率普遍较低,最高不超过 5% 。这说明仿生非光滑表面对油菜脱出物具有较低的黏附率,显示出良好的脱附能力。

由图 6-12 可见,仿生非光滑表面的减黏率普遍超过 30% ,最高可达 90% 。又因为奇数号筛面基体均为凸包形态,相邻的偶数号筛面基体为同尺寸的凹坑形态,因此由图 6-12 还可以发现,除去图中椭圆圈所标记的三处之外,其余均显示出这一规律:在同一配方物料、同一形态尺寸及分布的条件下,仿生凸包的减黏率要高于仿生凹坑的减黏率。

因此,仿生非光滑表面对油菜脱出混合物具有较为明显的减黏作用,且仿生凸包的效果优于仿生凹坑,这与田间对比试验的结果一致。

### 6.3.2　混合物组成对黏附特性的影响

观察图 6-11 可以发现,不同配方的油菜混合物对 0 号筛面基体的黏附率影响最大,黏附率的差距达 7% ;但不同配方的油菜混合物对 8 块仿生筛面基体的影响并不大,黏附率的差距不超过 2% ,显著小于不同配方对 0 号筛面基体的影响。这说明普通光滑筛面的黏附程度依赖于筛面油菜混合物的成分及比重,而仿生非光滑筛面的黏附程度则由于其自身显著的减黏能力而明显减小了对筛面油菜混合物成分及比重的依赖。因此,仿生非光滑筛面对不同成分与比重的筛面油菜脱出物具有更强的适应性,更能适应不同的收获环境与条件。

### 6.3.3 试验结论

① 加工有仿生非光滑形态的油菜清选筛对油菜脱出混合物具有显著的减黏能力,减黏率普遍超过 30%,最高可达 90%,充分说明了仿生非光滑表面的减黏减阻技术应用于油菜机械化收获中的可行性。

② 仿生凸包对油菜脱出混合物的减黏能力一般要优于仿生凹坑,因此油菜机械化收获中应用的仿生非光滑表面技术应该偏向于仿生凸包的应用和研究。

③ 相比较于普通光滑筛面,仿生非光滑表面的黏附状况基本不依赖于油菜脱出混合物的成分及比重,因此能在不同的收获环境与条件下保持较为稳定的减黏能力,显示出优良的适应性。

## 6.4 小结

本章分析了油菜物料黏附特性测试的特殊性,构建了以图像技术为核心的油菜混合物黏附测试系统,以残留黏附面积 $r$ 为基础定义了"黏附率 $\mu_i$"与"减黏率 $\tau_i$"用以描述界面的黏附特性。在此基础上,配制了 6 种油菜混合物替代油菜筛面黏附物,将筛面形态与混合物组成作为考察因素,对油菜混合物与仿生非光滑筛面和普通光滑筛面之间的黏附特性进行了测试与分析。试验结果表明:仿生非光滑筛面对油菜脱出混合物具有显著的减黏能力,减黏率普遍超过 30%,最高可达 90%;仿生凸包的减黏能力优于仿生凹坑,且相比较于普通光滑筛面,仿生非光滑筛面的黏附状况基本不依赖于脱出混合物的成分及比重,具有优良的适应性。

# 第7章 近筛层微观气流场研究与油菜田间试验

第3章至第6章分别通过单向准静态摩擦试验、往复摩擦试验、微振减阻理论和黏附特性试验对油菜脱出物与仿生非光滑筛面基体的接触关系特性进行了研究。实践中,油菜联合收获机的清选系统是风筛式结构,清选工作是在筛面和气流场的共同作用下完成的,因此,有必要对油菜联合收获中清选室内的气流场进行研究。相关文献的研究表明:在旋成体表面设置的仿生非光滑表面形态(仿生凸包与凹坑)对旋成体的表层微观气流场产生了重要影响,并能显著减小旋成体的飞行阻力。鉴于此,本章拟采用数值模拟的手段对具有不同表面形态的清选筛近筛层面微观气流场展开探索研究。

田间试验能最真实地检验机器的综合性能。为真实地反映本研究的实际效果,有必要采用田间试验对所研制的仿生非光滑表面清选筛的实际工作能力进行检验。因此,本章将以普通光滑清选筛为对比参照,对试制的仿生非光滑表面清选筛的减黏减阻能力进行田间对比试验。

## 7.1 近筛微观气流场的仿真试验

CFD 是通过数值计算和图像显示技术,用一系列有限离散点上变量值的集合代替时间域及空间域上连续的物理场,通过一定的原则和方式建立代数方程并求解获得近似值。其计算的步骤一般分为几何模型的建立、区域的网格划分、控制方程的离散、计算方法的选择和边界条件的设定等。Fluent 是目前功能最全面、使用最广泛的商用 CFD 软件。本书选用 Fluent 软件进行数值模拟。

### 7.1.1 试验初衷与模型的简化

已有的关于油菜清选室内气流场的研究,大多数关注的是清选室内整体气流场的分布(包括气流的走向与强弱),而关注近筛层面微观流场的则不多见。本试验的初衷是对清选筛筛面上方的近筛层面(0~10 mm 的高度范围内)微观气流场进行观察和对比。已有的相关研究表明,清选室内的气流场沿横向差别不大,且清选室的形腔稍做变动时,近筛层面的气流场一般不会产生显著变化,因此,作为初步研究,本试验选择对清选室的纵向截面进行二维仿真,并对纵向截面的模型做了简化,简化包括将清选筛的倾角简化为0°,清选室底部形腔简化为两直线相交,清选室顶部简化为矩形。

简化后的筛孔分布及尺寸如图 7-1 所示,清选室纵向截面尺寸如图 7-2 所示。

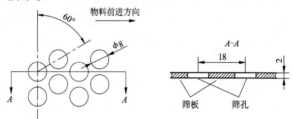

**图7-1 筛孔位置分布及尺寸**

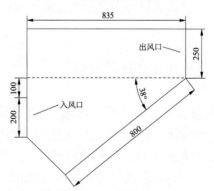

**图7-2 清选室纵向截面尺寸**

### 7.1.2　试验方案

试验以筛面形态和入风口气流方向角为考察因素。其中筛面形态分为光滑面、仿生凸包和仿生凹坑,相应的清选室二维模型分别用字母 G、T 和 A 表示;入风口气流方向角分别为 22°,25°,28°。仿生凸包与仿生凹坑的尺寸如图 7-3 所示。入风口的气流速度大小保持不变,均设定为 12 m/s。

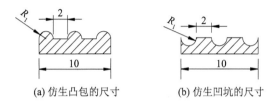

(a) 仿生凸包的尺寸　　　　(b) 仿生凹坑的尺寸

**图 7-3　筛面仿生凸包的尺寸和仿生凹坑的尺寸**

### 7.1.3　网格划分与试验边界条件设置

网格划分是有限元仿真试验中至关重要的一步。合理的网格划分应该根据模型的特点而展开。

本试验中,先在 AutoCAD 中构建清选室横向二维图,生成若干面域之后导出为标准 ACIS 文件,后缀名为".sat",然后将 ACIS 文件导入通用网格划分软件 Gambit 之中。在 Gambit 软件中,首先需要将导入文件中的对象合并为一个面域,然后分别在模型中的各边线上创建合适的结点,所创建结点的疏密会直接影响后续面域网格划分时网格结点的数目及试验时的计算速度,所以合理创建的结点应该在保证计算精度的同时不至于使面网格结点数目过多而降低计算速度。针对本试验中模型的具体特点,笔者对清选室外围边框按照 5 mm 的单位间距(interval size)创建结点,对清选筛面除凸包/凹坑外的边线按照 1 mm 的单位间距创建结点,为保证网格对弧线的分割效果,对凸包/凹坑的弧边则按照 6 个单位数目(interval count)创建结点,如图 7-4 所示。

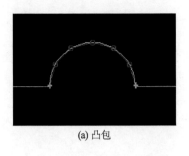 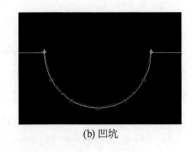

(a) 凸包        (b) 凹坑

**图 7-4　创建凸包和凹坑的弧边结点**

边线结点划分之后就可以选择边线结点对整个模型的面域进行面网格划分。面网格分为三角网格和矩形网格两种,前者网格生成较快,但计算精度不及后者;后者网格生成较慢,但计算精度较好。本试验中,G 型和 A 型模型采用矩形网格划分,生成网格结点数分别为 119 005 个和 207 136 个。经多次尝试,T 型模型不适宜用矩形网格划分,遂采用三角网格进行划分,所得网格节点数为486 720 个。由于本试验为初步的探索试验,因而三角网格划分带来的精度降低可以满足试验要求。

网格划分的最后一步是设置边界类型。本试验中,分别设置图 7-2 所示的两处边线为"入风口"(起名为 inlet)与"出风口"(起名为 outlet),边界类型分别选择为"velocity inlet"(速度入口)和"outflow"(流体出口),其余的边界均默认为"wall"类型。设置完成后将文件导出为 mesh 格式,网格划分完成,如图 7-5 所示。

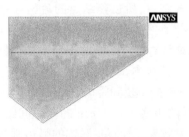

**图 7-5　对二维清选室截面模型进行面网格划分**

网格划分完成之后,将后缀名为". mesh"的网格文件导入通用计算流体力学软件 Fluent。首先需要将长度单位设置为 mm，然后选择求解模型为"k-epsilon"（2 eqn）（湍流），流体默认为"air"（理想空气）。由于本试验不涉及热交换，因而壁面保持默认的"Aluminum"（铝）。在设置边界条件时，选择速度入口的设置方式为"magnitude and direction"（大小和方向），以便试验时设置不同的角度。其中方向的设置是以 $x, y$ 方向的分量比例设置的，针对本试验采用的入风口气流方向角 22°，25°，28°，其 $x, y$ 方向的分量比例设置分别为 0. 93/0. 37，0. 91/0. 42 和 0. 88/0. 47。速度出口和壁面的边界条件保持默认设置，在初始化（initialize）之后，设置迭代（interation）次数为300，开始迭代计算。迭代计算的残差曲线如图 7-6 所示。由图 7-6 可见，迭代计算的精度是满足要求的。

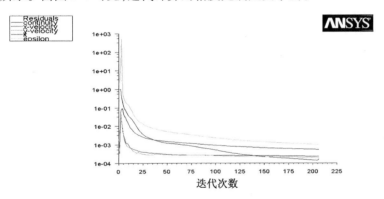

**图7-6 迭代计算所显示的残差曲线**

## 7.2 仿真试验结果与分析

### 7.2.1 近筛层微观气流场试验结果

本试验着重关注清选筛近筛层面的微观气流场分析，而对清选室内的整体气流场分布不予关注，因此，本试验的结果与分析全部围绕近筛层面的微观气流场展开。

试验结果如图 7-7 ~ 图 7-9 所示。

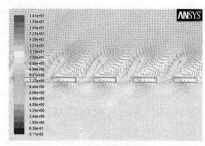

(a) 光滑面(G型)

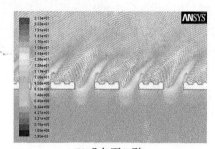

(b) 凸包面(T型)

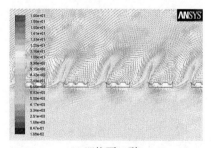

(c) 凹坑面(A型)

**图7-7　入风口气流方向角为 22° 时 3 种表面形态的近筛微观气流场**

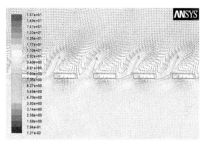

(a) 光滑面(G型)

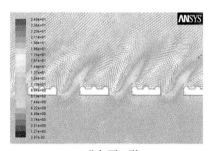

(b) 凸包面(T型)

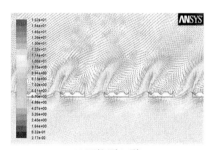

(c) 凹坑面(A型)

**图 7-8　入风口气流方向角为 25° 时 3 种表面形态的近筛微观气流场**

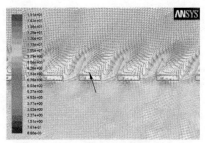

(a) 光滑面(G型)

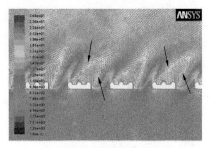

(b) 凸包面(T型)

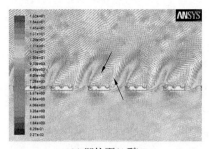

(c) 凹坑面(A型)

**图7-9　入风口气流方向角为28°时3种表面形态的近筛微观气流场**

### 7.2.2　气流速度与筛面形态对近筛微观气流场的影响

由图7-7～图7-9可知,入风口气流方向角分别选用22°,25°和28°时,近筛层的微观气流场基本没有变化,但筛面形态却对近筛层面的微观气流场产生了较为显著的影响。

由图 7-7a、图 7-8a 和图 7-9a 均可看出,气流在筛孔之间的光滑筛面上形成了一个小漩涡,并且小漩涡从筛孔间的筛面上完全地经过(图 7-9a 中箭头所示)。由第 2 章的研究可知,油菜筛面黏附物中机械组分的尺寸均非常小,尺寸在 0.3 ~ 2.5 mm 的组分占整体的 77%,显然,这部分黏附在筛面的细小物料受气流的影响很大,其运动是气流运动的响应。因此,光滑筛面筛孔之间的筛面上存在的小漩涡会让这部分细小物料在筛面长期停留,并且物料会随着气流而完全地擦过筛面,这显然促进了细小物料与筛面的黏附。

仔细观察图 7-7b,c 至图 7-9b,c 可以发现,仿生凸包与凹坑使得筛孔间的筛面上原来的单个小漩涡分解成了两个小漩涡,且一主一辅,但是凹坑的分解作用不如凸包明显(图 7-9b,c 中箭头所示);同时,由于表面不再光滑,气流不再能完整地经过筛面(图 7-10 中箭头所示)。显然,仿生形态对光滑面的小漩涡起到了一定的破坏作用且使细小物料与筛面的接触不再完整、顺畅,减少了细小物料与筛面的接触机会,从而缓解了黏附的程度,这解释了田间试验时仿生筛面(凸包和凹坑)的低凹处为什么几乎没有与物料发生接触(图 7-11,筛面与新鲜油菜物料接触后总会呈现一些菜绿色,没有接触的部分颜色没有变化)。

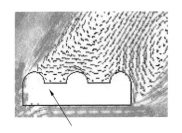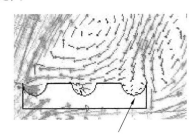

**图 7-10　放大的仿生筛面气流**

**图7-11 仿生筛面低凹处**

**(由下往上是物料前进方向)**

因此,仿生非光滑形态能改善近筛微观气流场,减少细小物料与筛面的接触机会,从而缓解黏附的发生,具有减黏作用。

## 7.3 田间试验

为充分验证仿生非光滑筛面对油菜脱出物的减黏减阻作用,特试制了仿生非光滑表面清选筛(尺寸与第4章中的大凸包、大凹坑相同)进行了田间对比试验。

试验时间为2010年5月29日至6月1日,试验地点在苏州吴江市同里镇,油菜品种为"史力佳",直播种植,作业面积100亩(6.67公顷)。试验时油菜处于黄熟中后期,作物自然高度:126 cm,作物倒伏角:0°,自然落粒:0.95 g/m²,千粒重:4 g,产量3 666 kg/hm²,籽粒含水率:21.5%。田间收割试验满足 GB/T 8097—2008《收获机械 联合收割机 试验方法》中机械收获油菜的相关要求。

试验采用浙江星光的2台4LL–2.0D(星光至尊)型油菜联合收割机在同一块田里同时进行作业。2台油菜联合收割机的清选装置中分别安装了普通光滑清选筛和仿生非光滑清选筛,2种筛面的材料、筛孔大小及分布均一样,2台油菜联合收割机的其他结构和运动参数完全一样。

　　试验的对比方式：在 2 台油菜联合收割机同步收割若干相同作业面积作物后停机，通过对筛面拍照的方式同步对比 2 种清选筛面的作业效果。作业跟踪所拍摄的筛面照片如图 7-12 所示。

(a) 普通筛作业4~5亩之后的筛面状况

(b) 普通筛上筛面黏附物的厚度

(c) 凹坑形态仿生筛作业12~13亩之后的
筛面状况

(d) 凸包形态仿生筛作业12~13亩之后的
筛面状况

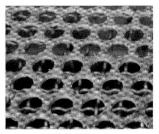

(e) 凸包形态仿生筛在作业10亩
之后的近观图

(f) 凸包形态仿生筛在作业13亩
之后的近观图

 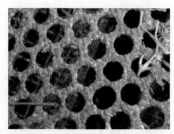

(g) 凸包形态仿生筛作业23亩 之后的筛面状况

(h) 凸包形态仿生筛作业23亩 之后的近观图

**图7-12　仿生筛与普通筛在田间对比试验中的跟踪照片**

由图 7-12 可见,普通筛面在作业 4～5 亩之后,筛面就已经严重黏附以致很多筛孔堵塞,部分筛孔完全堵死(图 7-12a),筛面黏附物的厚度超过 2 cm(图 7-12b),清选筛几乎丧失其筛分能力;凹坑形态的仿生筛在作业 12～13 亩之后,筛面才出现明显黏附,且筛孔尚未堵塞(图 7-12c);凸包形态仿生筛在作业 10 亩之后,筛面还未曾出现任何黏附的迹象(图 7-12d),近观才可看到油菜脱出物的汁液在筛面留下的少许痕迹(图 7-12e),在作业 13 亩左右时,筛面才开始出现一点黏附(图 7-12f),直到作业 23 亩左右时筛面才出现明显的黏附(图 7-12g),且黏附物只是附着在筛网上,筛孔并未堵死(图 7-12h)。

由此可见,仿生非光滑形态在油菜清选中的减黏减阻能力非常明显,所制仿生清选筛具有突出的减黏减阻能力,其中仿生凸包的减黏减阻能力尤为明显。

## 7.4　小结

本章以入风口角度(22°,25°和 28°)与筛面形态为考察因素,采用数值模拟的手段,从微观气流场的角度,对不同表面形态的油菜清选筛近筛层面(0～10 mm 的高度范围内)微观气流场进行了试验与分析,并试制了仿生非光滑油菜清选筛与普通光滑油菜清选筛进行了田间对比试验。仿真试验表明:入风口角度对近筛层微观气流场基本没有影响;仿生形态对筛孔间的小漩涡起到了一定的破坏作用,减小了细小物料与筛面的接触机会,有利于缓解黏附的发生。田间对比试验表明:所制仿生清选筛具有突出的减黏减阻能力,其中仿生凸包的减黏减阻能力尤为明显。

# 第二部分

## 筛面物料堆积问题
## 及仿生防堵研究

　　本书第二部分从运动仿生的角度探讨人类手工簸扬谷物动作对解决大喂入量联合收获和纵轴流脱粒结构条件下在高效筛分过程中易导致物料堆积堵塞问题的启示，并由此提出变振幅筛分理论与技术。

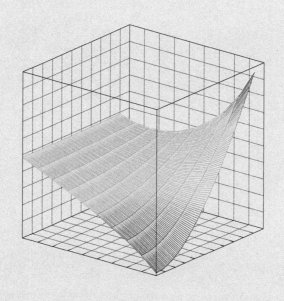

# 第 8 章 人工簸扬谷物的仿生研究

本章通过高速摄像和目标跟踪的方法,研究获得人工使用簸箕进行谷物簸扬劳动时的簸箕运动轨迹,并分析提炼簸扬动作的运动特点,为后续提出变振幅筛分理论与技术提供基础。

## 8.1 人工簸扬谷物

在农业物料的筛分方面,现有各类分级筛和清选筛的主要筛面运动形式是往复周期运动(具体在倾角和振动方向角方面等存在一些差异)。近年来,有很多学者对物料筛分领域引入多自由度和并联机构这两个重要因素,从试验、仿真等多方面开展研究,希望能够给传统的筛分机构带来更大的承载能力、更灵活的适应能力和更高效的处理速度。这些工作在拓展了农业物料筛分领域研究纵深的同时,也普遍面临两个方面的困境与挑战:一是机构结构和控制的复杂性导致实现成本较高;二是研究范围普遍较宽泛而缺少针对性。研究缺少针对性使得相关研究的目的性并不强,导致在研究方法和指导思想上常有"四面出击"和"求全责备"的情况出现。但现实物料筛分方面的很多研究其实都有其需要优先解决的问题。例如,当物料过多将要堆积堵塞筛面前端时,首先要解决的就是如何使物料快速分散后移。对此,仿生研究能够给出有针对性的启发和参考。

纵观仿生研究可以发现,任何生物体经由漫长的进化或学习继承而来的各种形貌、形态或运动特征等都有其特定的目标功能和作用。正因如此,人们才可以通过仿生研究有针对性地从生物

119

体上学习到其解决特定问题的"本领"。在包罗万象的仿生研究领域,有一类仿生研究的对象正是我们人类自己。这方面的仿生研究在近年来也一直属于研究热点,相关的文献报道很多,主要通过观察分析人类自身在从事某些特定活动时身体特定部位的运动形态和特征来对相关应用领域的研究起到启发作用,具体涉及康复医疗、竞技体育、智能机器人障碍跨越等应用领域。有些研究是通过具体的技术手段直接复制、再现人类的运动特征来达到研究目的,属于狭义上的"仿生"研究,但更多的是基于从人类特定活动中概括提炼出的运动特征而对具体应用研究起到启发作用,属于广义上的"仿生"研究。

早在现代农业机械出现之前,人类已经从事农业生产上千年了。我国古代的一些文献,如《齐民要术》,就对古时农业生产的很多具体细节做了记载。经过千百年的传承和积淀,劳动人民对具体的农业生产活动总结出了很多省时、省力、高效的经典劳作方式。其实,现代农业机械中很多工作部件的运行方式都能看到人工劳作的影子,例如,插秧机的取苗、插秧动作就源自人类的插秧动作,半喂入联合收割机的输送加持装置和半喂入脱粒方式就是源自人类在地面使用脱粒机时的工作方式,这些都可看作广义仿生研究的成果。因此,以人类为模仿对象而开展的农机领域运动仿生研究早已有之。

在农业物料筛分方面,我们的祖先在一千多年前就对其有很深刻的认识。比如《世说新语》(南朝·宋)中就曾记载一则能够反映物料筛分的典故——"簸之扬之,糠秕在前;淘之汰之,沙砾在后"。这则典故的原意虽是借物喻人、以事论理,但这 16 个字本身恰是对人

**图 8-1　农业生产中的簸箕实物图**

工簸扬筛分动作的准确刻画,尤其以前 8 个字对人工使用簸箕进

行谷物分离动作的描述最为形象贴切。其中,"簸"的意思是"颠动",即往复运动;"扬"的意思是"上扬",使被"扬"之物"舒展""散开",因此,簸箕的使用过程就是使其中的谷物来回翻腾并向上散开,其结果就是谷粒和糠秕分离(即"糠秕在前")。对此,有过劳动经验、使用簸箕扬过谷物的人会有最直接的体验。其实,广泛使用的往复式清选筛也可看作受此启发,区别在于失去了人工筛分时的灵活性。人类用簸箕簸扬谷物时能够很好地避免物料在簸箕中的局部堆积问题,这是因为我们能通过眼睛观察到物料情况,并可随时对其运动进行微调,这种灵活性是传统的往复式清选筛所不具备的。

本书将从人工簸扬谷物的动作入手,以现代的科学手段获取簸箕在人手驱动下的运动轨迹并分析归纳其运动特点,从运动仿生的角度为解决物料在筛面堆积堵塞的问题提供启发。

## 8.2　材料与方法

### 8.2.1　研究对象

本章以最为常见的铁制簸箕为研究对象,图 8-2a,b 所示分别是簸箕的侧面和正面。簸箕长 300 mm,宽 288 mm,高 110 mm。在簸箕底面附近前后端各粘贴有一个直径为 16 mm 的黑色标记点,用于后续的图像跟踪。由于簸箕侧面并不垂直于底面,为保证图像跟踪的准确性,在簸箕前后的底面和侧面分别粘贴延伸出垂直相交平面板,使底面前后标记点处于同一个平面且垂直于拍摄视线(也即垂直于簸箕底面)。图 8-2 中筛面底部前后标记点的中心连线与簸箕底面平行,且标记点中心距为 264 mm。

(a) 簸箕侧面　　　　　　　　(b) 簸箕正面

**图 8-2　簸扬动作高速摄像试验中使用的簸箕**

### 8.2.2　试验设备与方法

本试验采用高速摄像的方法对人工使用簸箕进行簸扬操作时的运动过程进行记录。试验所用高速摄像装备是由奥林巴斯生产的 i－Speed TR 型高速摄像机,拍摄图像为黑白画面,传感器类型为 CMOS,画面最大像素尺寸为 1 280 像素 × 1 024 像素,最高帧速率为 10 000 fps。根据拍摄画面像素的大小和区域特征共有 4 种经济模式可选择,快门时间可由"帧时间比例"和"直接设定"两种方式进行控制。高速摄像机机身除了外接电源之外还配有可充电电池,外接存储设备为 16 Gb 容量的高速 CF 存储卡,可搭配使用的镜头包括尼康定焦镜头和变焦镜头两种。与高速摄像机一起使用的还包括快捷操作面板(CDU)、BL－1000A 型高速摄影灯和专用三脚架等配套装备,如图 8-3 所示。

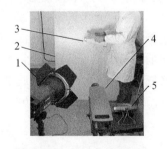

1—高速摄影灯;2—白色背景板;3—簸箕;
4—高速摄像机;5—快捷操作面板 CDU。

**图 8-3　簸扬动作的高速摄像试验**

试验使用的是尼康定焦镜头($\phi$42 mm,焦距 24 mm,光圈范围 F2.8 ~ F22,配有手动对焦环和手动光圈环),经过多次预备试验,设置高速摄像机的参数:快门速度 1/200 s,光圈 F4.0,采样速度 200 帧/s,自动白平衡,手动对焦。试验的所有拍摄操作均在 CDU 中完成。

为便于后续图像处理,试验中采用一块大面积的白色平板作为图像采集的背景,使获得的图像具有较为单纯的背景色。为减少灯光引起的阴影,需要让高速摄影灯尽可能地靠近高速摄像机,使光线的入射角尽可能地接近高速摄像机的拍摄视角,并让簸箕尽可能近地靠近白色平板背景,减小阴影面积。为了充分发挥高速摄像机的存储速度和存储容量,在 CDU 中采用经济模式,使图像采集过程中只使用 CMOS 传感器的中央部分。

为缩小试验差异,试验员在正式试验前需进行多次练习。正式试验中共采集 3 次图像,每次采集时间不少于 3 s。单次拍摄完成后,所得视频文件存储在高速摄像机的内存中,需要先使用 CDU 对所得序列图像进行观察并截取其中最有利于后续图像处理的 2 ~ 3 个周期连续序列图像,然后转存到高速 CF 存储卡中,存储在 CF 卡中的仍是视频格式文件(\*.hsv)。

## 8.3　目标图像的跟踪处理

由 CF 存储卡导入电脑中的是 hsv 格式视频文件,需要使用专用图像处理软件 ProAnalyst(3 - D professional Edition)进行"帧抽取"处理才能获得序列图像并另行存储(\*.bmp 格式)。图 8-4 所示为从试验视频文件抽取得到的一个周期内的簸扬动作部分序列图像。在获得序列图像之后,还需要使用 ProAnalyst 软件对目标图像进行跟踪处理,软件整体界面如图 8-5 所示。

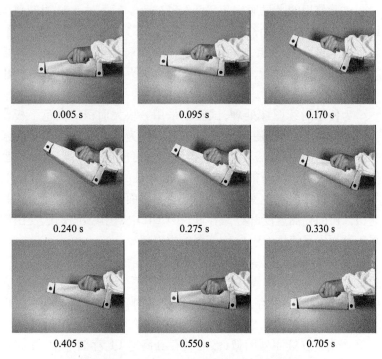

0.005 s  0.095 s  0.170 s

0.240 s  0.275 s  0.330 s

0.405 s  0.550 s  0.705 s

**图 8-4　一个周期内的簸扬动作部分序列图像**

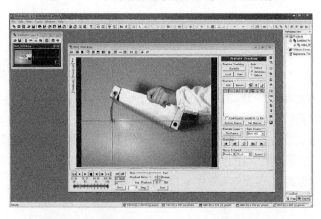

**图 8-5　图像处理软件 ProAnalyst 的整体界面**

ProAnalyst 软件是由 Xcitex 公司开发的专用综合运动分析系

统,具有复杂多样的图像处理功能,能对目标图像进行精确测量、跟踪和多样化的变换操作,其中跟踪功能包括线跟踪、块跟踪和颗粒跟踪三类。本研究选择"2 – D"进入目标特征跟踪界面,在完成"定义区域"(define region)和"设定区域"(set region)操作之后单击"执行"按钮,软件就开始对图像中的特定目标开始跟踪处理并显示出轨迹,如图 8-6 所示。轨迹数据可通过该软件的 Export 功能导出,以便对轨迹数据进行二次加工。

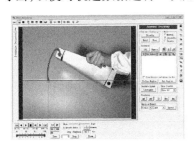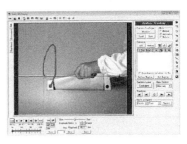

**图 8-6　使用 ProAnalyst 软件进行目标图像跟踪处理的过程**

## 8.4　结果与讨论

图 8-7 所示为经目标图像跟踪处理后得到的 3 次试验中簸箕底面前后标记点的运动轨迹。图 8-7 中所示直线段代表簸箕底面,实线表示当前试验初始时刻的筛面位置,虚线表示当前试验过程中和结束时刻的筛面位置,黑色实心圆点表示簸箕底面标记点,箭头表示轨迹的运动方向。

虽然人工劳动难以像工业生产中的机器一样始终保持精确一致完全重复的运动轨迹,但由图 8-7 仍然可见,人工使用簸箕进行簸扬操作时的动作还是具有较为鲜明的特点。

首先,由图 8-7 可见,簸箕底面前端的运动轨迹普遍具有"高"和"窄"的特点,簸箕底面后端的运动轨迹普遍具有"扁"的特点,且簸箕底面后端的运动轨迹在垂直方向显著小于其前端的运动轨迹。因此,簸扬过程中簸箕底面始终存在着绕其后端标志点的上下周期性摆动（转动）。

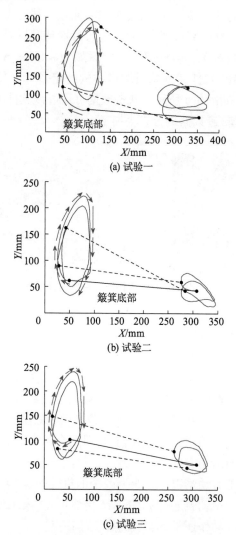

(a) 试验一

(b) 试验二

(c) 试验三

**图 8-7　3 次试验的簸箕底面标记点轨迹**

其次，进一步观察可以发现，簸箕底面前端的运动轨迹具有 3 个典型阶段（图 8-8），分别称为"扬"的阶段、"落"的阶段和"送"的阶段(此处用"送"字表示"向前缓降"的意思)。其中,"扬"的阶段为一条上升弧线,"落"的阶段为一条下落的近似垂线,"送"的阶段为一条倾斜向下向前的斜线。

再次,结合实际的农业生产经验可以知道,"扬"的阶段能够使簸箕前端的物料快速上升并分散,这一阶段的轨迹是弧线,也有促进物料后移的作用;"落"的阶段近乎是笔直地下降,使簸箕底

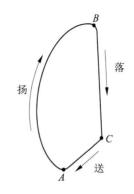

**图 8-8　簸扬操作中簸箕底面前端的运动特点示意图**

面与物料快速分离,有利于周围空气迅速混入物料之中起到风选的作用(使物料中的轻杂质被吹走);"送"的阶段是一个倾斜缓降的阶段,缓降有利于承接正在快速下降的物料,缓降的同时向前方倾斜能使物料尽可能地在簸箕底面沿前后方向铺开而不至于堆积一处。

最后,由上述分析可知,簸箕的簸扬过程虽然复杂,但其实包含着平面内3个自由度的分解运动,分别是上下方向的周期平动、前后方向的周期平动和绕簸箕底面后端点的周期转动。结合簸箕底面前端运动轨迹的3个阶段分析可知,这3个自由度的分解运动中,上下方向的平动贯穿于"扬""落"和"送"3个阶段,前后方向的平动主要体现在"送"的阶段,绕簸箕底面后端点的周期转动主要体现在"扬"的阶段。

虽然簸箕并不是筛子,人工使用筛子进行物料筛分时的动作可以比使用簸箕更加多样化,但是,人工筛分时的基本动作与使用簸箕时的簸扬动作是类似的。因此,上述对簸箕在簸扬过程中的分析依然可以对物料的机械化筛分提供有意义的启发和参考作用,尤其是其中有利于物料分散、后移的"扬"和"送"的过程对研究解决筛面前端物料堆积问题的平面多自由度筛分技术具有重要的启发意义。受

此启发,可自然地想到通过改变常见往复式筛分机构前端振幅的方式促进筛前端物料的快速分散后移、避免物料堆积堵塞的问题。据此,本书将在下一章提出变振幅筛分方法,并在后续篇章中对其筛面局部抛掷强度、颗粒运动特点等进行深入研究。

## 8.5　小结

本章以人类使用簸箕进行谷物簸扬工作的过程为研究对象,通过高速摄像技术获取簸扬过程的周期序列图像,使用专用图像处理软件对簸箕底面前后目标特征进行图像跟踪处理,得到簸箕底面前端和后端的运动轨迹,分析后发现簸箕底面前端轨迹可分为"扬""落""送"3 个阶段,且整个簸扬过程可分解为 2 个平动和1 个转动。其中,"扬"和"送"的过程有利于物料的分散、后移,这为下一章提出变振幅筛分方法起到了启示作用。

# 第9章 平面变振幅筛分机构分析

在农业物料的筛分中,除了因物料自身特殊性质而易导致堵塞之外,还有因物料分布不均或喂入量陡增而导致的物料堆积甚至堵塞(往往发生在筛面前端)。解决这类问题的常规思路是增大筛面振动频率使堆积的物料尽快散开,其结果往往事倍功半。受第8章开展人工簸扬谷物仿生研究的启示,可以考虑通过改变筛面前端振幅的办法(即增加"扬"的过程)解决上述问题。本章采用变振幅筛分方法,对变振幅筛分机构运动及其多自由度分解和局部抛掷强度等进行讨论分析,为进一步开展变振幅筛分中的颗粒运动研究提供依据。

## 9.1 典型往复筛分机构简析

### 9.1.1 优点分析

《农业机械学》中描述的典型往复式振动清选筛在结构上由前后吊杆、筛面和底部的驱动曲柄及连杆所构成,其中筛面具有前低后高的小幅静态倾角(以物料流向为向后方向,下同)。根据教科书中的描述,在对其进行运动分析时,可将筛面运动简化成理想的往复直线运动,运动方向与水平线的夹角称为振动方向角,具体是将曲柄中心和连杆与筛面的连接点之间的连线作为振动方向,如图9-1所示。

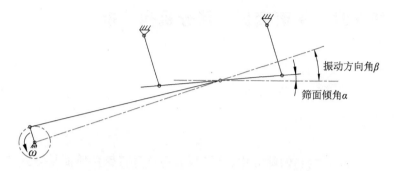

**图9-1　传统连杆式往复振动清选筛结构示意图**

　　这种简化分析蕴含的前提条件包括：① 筛面前后吊杆等长且平行，形成平行四边形结构，可使运动过程中筛面倾角保持不变，保证筛面做平动；② 筛面两端受吊杆约束而产生的实际运动轨迹是一小段弧线，但由于转过的角度很小，因而在运动分析时将该轨迹近似为一小段直线；③ 由于筛面做平动，且筛面前后运动轨迹相同，因而这一小段直线可作为筛面上任意一点沿振动方向的运动轨迹。

　　因为空间尺寸的限制和结构刚度等方面的要求，实际联合收割机中清选部分往复振动筛的结构往往并非这种吊杆式的平面连杆机构，例如，很多联合收割机中的往复式清选筛是由前端斜置滑动导轨和尾部的偏心轮来保证其振动方向、振幅和驱动的，但是，其筛面运动规律与上述吊杆式筛分机构驱动的筛面是基本一样的，即筛面从前到后都按照相同的振幅、振动方向角、振动频率做往复直线运动。所以，上述3点前提和假设条件不仅有利于对这种吊杆式往复筛分机构进行理论建模和分析，而且确实可用于指导实际筛分机构的设计，因为其筛面运动的本质是一样的。

　　筛面运动及筛面颗粒运动应该是所有筛分研究的核心问题，筛面驱动机构的研究不仅应该服务于这一核心问题，同时还受到工程应用中的具体要求和限制。虽然上述吊杆式往复筛分机构结构简单且不实用，但仍能成为农业机械教学、科研和工程应用中的典型筛分机构，就是因为它反映了往复式筛分工作的核心诉求，这是典型吊杆式往复筛分机构的优点。

## 9.1.2　不足之处

上述典型往复筛分机构的特点是以同样的振动参数应对全部筛面范围内的物料筛分需求。在农机发展的初级阶段,这类筛分机构以其简单可靠的单一工作方式达到了优先满足作业效率、保障粮食总量的粗放式要求。现代农业生产对农业装备在各工作环节的要求正逐步细化和提高,农业装备需通过不断的升级改造来满足这一需求。例如,德国克拉斯公司生产的新一代联合收割机(TUCANO470 型)就装备有针对坡道收获中物料易偏置筛面一侧导致清选不佳而开发的 3－D 坡道清选系统。因此,上述典型往复筛分机构难以满足日益细化的筛分需求。

首先,等振幅的往复直线振动方式并不完全契合实际筛分运动中前后物料的差别化需要。实际筛分作业中,筛面前端不断有新的物料进入,筛面后端不断向外排出杂草,随着物料的不断透筛和后移,物料量在筛面前后方向上的分布其实并不均衡,而是在一定程度上呈现前多后少的状态(如第 1 章绪论中图 1-2 所示)。从精细的角度考虑,筛前端需要给予稍大的抛掷强度迫使物料相对较快地向后运动和分散,筛面中后端需要给予相对稍小的抛掷强度使物料筛分更加充分。但等振幅的往复直线振动筛的抛掷强度在全部的筛面范围内是一样的,因此无法满足这一差别化的需求。

然后,在面对物料喂入量波动性变化的情况时,等振幅的往复直线振动筛难以满足筛面局部(前端)抛掷强度及时动态调整的需要。实际工作中筛面物料喂入量其实是波动变化的,当物料喂入量波动幅度较明显而不可忽略时,筛面运动方式应能适当调整以适应新的需求。例如,当物料喂入量陡增时,直观上物料将会较多地堆积在筛面前端,此时筛面应具备及时调整前端运动方式的能力,避免物料堆积过度导致堵塞。传统的等振幅往复直线振动筛显然不具备这样调整局部筛面运动方式的能力。

## 9.2 变振幅筛分方法

### 9.2.1 启发来源

在第 8 章开展的人工簸扬谷物仿生研究中,通过对筛面底部标记点运动轨迹的分析,归纳出了"扬""落""送"3 个阶段。其中,在"扬"的过程中簸箕前端运动幅度(振幅)显著大于后端,该过程有利于物料的快速分散与后移。受此启发,可以考虑在往复筛分过程中通过增加其前端振幅的办法解决物料过多易堆积在筛前端的问题,即变振幅筛分方法。

### 9.2.2 实现思路

为了便于后续研究工作的开展,以前述经典吊杆式往复筛分机构为基础进行局部调整,可形成一个能使筛面前后振幅不相等的结构形式,但必须满足以下 3 点要求:

① 新的机构形式要便于筛面振幅的调整。

② 对筛面振幅的任何调整均不能改变筛面的初始静态倾角。

③ 便于后续运动分析及多自由度分解。

实现思路围绕振幅的变化展开,分别是"变振幅"和"可变振幅"两个方面。前者侧重于稳态工作状态下满足筛面前后的不同抛掷强度需求,是一种固定的工作状态;后者侧重于喂入量动态变化状态下(尤其是喂入量增大)满足筛面局部(尤其是筛前部)抛掷强度动态调整的需求,是一种动态的可调状态。

通过改变经典筛分机构中前后吊杆的长度比例和悬挂点位置就能够达到"变振幅"和"可变振幅"的目的。改变前后吊杆的长度比例就改变了原有的平行四边形结构,筛面前后振幅就不再相等;动态地改变前后悬挂点位置或前后吊杆长度,就能动态地改变筛面振幅。但是,这一思路将极易改变筛面的静态倾角,不能满足上述第②项要求。

为避免这一负面效果,保证任何情况下筛面初始静态倾角不会变化,且操作切实可行,可通过只调整前吊杆长度和悬挂点位置的方式达到"变振幅"和"可变振幅"的目的。具体可使这些可调的悬挂点位置均位于以前吊杆杆长为半径、以初始状态"杆—筛"连接点为圆心的圆弧上。

### 9.2.3　构建变振幅筛分机构

基于上述思路,对将要构建的变振幅筛分机构进一步做如下具体限制与要求:

① 前后吊杆在调整之前的初始状态均沿竖直方向。

② 前吊杆比后吊杆短。

③ 只对前吊杆的悬挂点位置做调整。

④ 筛面初始时刻的静态倾角为 4°,且前低后高。

⑤ 曲柄长度为 20 mm。

⑥ 驱动连杆与筛面前后方向中点相连接,且初始状态时驱动杆与水平线的夹角为 30°,即振动方向角约为 30°(因为实际是变动的)。

⑦ 要求前后吊杆都处于竖直位置时的筛面位置为最低位置,也是机构的初始状态,所以此时的驱动曲柄与连杆必须共线。

根据连杆机构设计方法并经多次预备分析,基于上述实现思路和具体要求而构建的变振幅筛分机构的结构如图 9-2 所示。其中,杆 $AC$ 表示筛面,长 1 000 mm,与水平线的夹角为 4°;前吊杆 $O_2A$ 长 200 mm,调整前的初始状态沿竖直方向,调整方式是让点 $O_2$(前吊杆悬挂点)在以初始时刻的点 $A$ 为圆心、杆 $O_2A$ 长为半径的一段夹角为 45°的弧线上移动,如此可保证调整后筛面初始倾角不变;后吊杆 $O_3C$ 长 300 mm,初始状态沿竖直方向;驱动连杆 $BD$ 长 600 mm,与水平线的夹角为 30°;曲柄 $O_1D$ 长 20 mm,初始状态与驱动连杆 $DB$ 共线且重合。

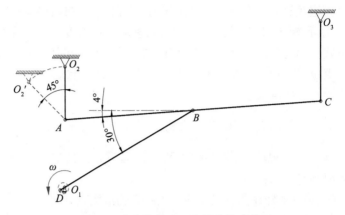

**图 9-2 变振幅筛分机构的结构示意图**

构建该机构不针对具体机型,规定上述具体结构和尺寸是为了能量化地从学术上进行研究,后续研究所采用的思路和方法显然并不受其限制,因而具有普遍意义。

## 9.3 变振幅筛分机构的运动位移分析

### 9.3.1 筛面标记点的位移

在多体动力学软件 Adams 中建立上述变振幅筛分机构的模型即可对其进行运动学分析。在 Adams 软件中,通过调整前吊杆的倾角可获得不同的筛面运动方式,具体以前吊杆逆时针每隔 5°调整一次,从 0°到 45°共 10 种运动方式。

为了给后续离散元仿真提供筛面运动参数的设置依据,需要从每次调整得到的机构筛面(杆 AC)获取运动学参数(包含筛面的位移信息和转动信息)。由于筛面前后运动不一致,因而需要获取筛面前后各部分的位移信息才能描述筛面整体的运动状态。具体操作:在筛面(杆 AC)上由前到后每隔 100 mm 设置一个标记点(marker),共计 11 个标记点,在执行机构运动命令后,通过后处理程序可获取这 11 个标记点的位移信息和筛面(杆 AC)的偏转角度。

　　图 9-3 所示为依据图 9-2 在 Adamas 软件中建立的变振幅筛分机构模型及在筛面(杆 $AC$)设置的 11 个标记点。图 9-4 所示为前吊杆倾角分别为 15°,30°和 45°时的机构初始状态,其中,前吊杆倾角为另外 6 种角度的情形没有列出。

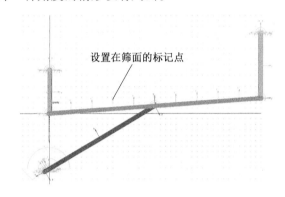

设置在筛面的标记点

**图 9-3　在 Adamas 软件中建立的变振幅筛分机构模型及设置在筛面的 11 个标记点**

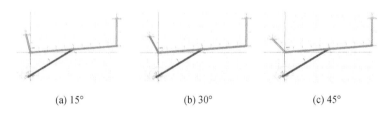

(a) 15°　　　　　　　　(b) 30°　　　　　　　　(c) 45°

**图 9-4　前吊杆倾角分别为 15°,30°和 45°时的机构初始状态**

　　在 Adams 软件中使用标记点对机构杆件上的指定位置进行跟踪能方便地获取指定位置的位移数据。根据所得 11 个标记点的位移数据,可将不同前吊杆倾角条件下筛面 11 个标记点的运动轨迹和对应的筛面最高位置画在一起进行对比,如图 9-5 所示。为了表达清楚,图中只画出了前吊杆倾角分别为 0°,15°,30°和 45°时的情形。

　　由图 9-5 可见,前吊杆倾角增大后,筛前端的最高位置上移明显,但筛后端的最高位置几乎不变,且 11 个标记点的位移曲线都近似直线段,因此可在后续分析中用一小段直线替代,这为 9.4 节中关于变振幅筛面运动进行多自由度分解简化提供了依据和便利条件。

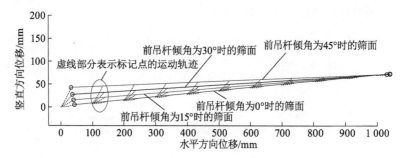

**图 9-5　不同前吊杆倾角条件下的筛面最高位置及各标记点的运动轨迹**

### 9.3.2　筛面各点的振动方向角 $\beta_i$ 和振幅 $|r_i|$

用 $(X_{it0}, Y_{it0})$ 和 $(X_{it1}, Y_{it1})$ 分别表示筛面标记点 $i$ 在筛面最低位置和最高位置时的坐标,该标记点 $i$ 的位移矢量大小和方向可分别由下式计算得到:

$$2|r_i| = \sqrt{(X_{it1} - X_{it0})^2 + (Y_{it1} - Y_{it0})^2} \tag{9-1}$$

$$\beta_i = \arctan\left(\frac{|Y_{it1} - Y_{it0}|}{|X_{it1} - X_{it0}|}\right) \tag{9-2}$$

式中:$|r_i|$——标记点 $i$ 的振幅;

$2|r_i|$——标记点 $i$ 的位移矢量大小;

$\beta_i$——标记点 $i$ 的振动方向角。

表 9-1 给出的是由式(9-1)和式(9-2)计算得到的筛面 11 个标记点在 10 种前吊杆倾角条件下的位移矢量大小和方向。表 9-2 给出的是由 Adams 软件分析得到的 10 种前吊杆倾角条件下筛面转角值。其中,$\alpha_d$ 表示吊杆倾角,$\gamma_s$ 表示筛面转角。

**表 9-1　筛面各标记点在 10 种前吊杆倾角条件下的位移矢量的大小和方向**

| $\alpha_d/$ (°) | $\beta_1/$ (°) | $2\lvert r_1\rvert/$ mm | $\beta_2/$ (°) | $2\lvert r_2\rvert/$ mm | $\beta_3/$ (°) | $2\lvert r_3\rvert/$ mm | $\beta_4/$ (°) | $2\lvert r_4\rvert/$ mm |
|---|---|---|---|---|---|---|---|---|
| 0 | 6.3 | 43.8 | 6.1 | 43.8 | 5.9 | 43.7 | 5.7 | 43.7 |
| 5 | 11.2 | 43.2 | 10.5 | 43.2 | 9.8 | 43.1 | 9.1 | 43.1 |
| 10 | 16.2 | 43.1 | 15.0 | 42.9 | 13.8 | 42.7 | 12.6 | 42.6 |
| 15 | 21.2 | 43.2 | 19.6 | 42.8 | 17.9 | 42.5 | 16.2 | 42.2 |
| 20 | 26.3 | 43.7 | 24.2 | 43.1 | 22.1 | 42.5 | 20.0 | 42.0 |
| 25 | 31.4 | 44.6 | 29.0 | 43.6 | 26.5 | 42.8 | 23.9 | 42.0 |
| 30 | 36.6 | 45.9 | 33.9 | 44.5 | 31.1 | 43.3 | 28.1 | 42.2 |
| 35 | 41.8 | 47.7 | 39.0 | 45.9 | 35.8 | 44.2 | 32.5 | 42.7 |
| 40 | 47.2 | 50.1 | 44.3 | 47.8 | 41.0 | 45.5 | 37.4 | 43.5 |
| 45 | 52.7 | 53.4 | 49.7 | 50.3 | 46.4 | 47.5 | 42.6 | 44.8 |

| $\alpha_d/$ (°) | $\beta_5/$ (°) | $2\lvert r_5\rvert/$ mm | $\beta_6/$ (°) | $2\lvert r_6\rvert/$ mm | $\beta_7/$ (°) | $2\lvert r_7\rvert/$ mm | $\beta_8/$ (°) | $2\lvert r_8\rvert/$ mm |
|---|---|---|---|---|---|---|---|---|
| 0 | 5.4 | 43.7 | 5.2 | 43.7 | 5.0 | 43.7 | 4.8 | 43.7 |
| 5 | 8.4 | 43.0 | 7.7 | 43.0 | 7.0 | 43.0 | 6.3 | 42.9 |
| 10 | 11.4 | 42.4 | 10.2 | 42.3 | 9.0 | 42.2 | 7.7 | 42.2 |
| 15 | 14.5 | 42.0 | 12.8 | 41.7 | 11.0 | 41.5 | 9.3 | 41.4 |
| 20 | 17.8 | 41.6 | 15.5 | 41.2 | 13.2 | 40.9 | 10.9 | 40.6 |
| 25 | 21.2 | 41.3 | 18.4 | 40.8 | 15.6 | 40.3 | 12.7 | 39.9 |
| 30 | 24.9 | 41.2 | 21.6 | 40.4 | 18.2 | 39.7 | 14.7 | 39.1 |
| 35 | 28.9 | 41.3 | 25.1 | 40.1 | 21.1 | 39.1 | 16.9 | 38.3 |
| 40 | 33.4 | 41.6 | 29.1 | 40.0 | 24.5 | 38.6 | 19.6 | 37.5 |
| 45 | 38.4 | 42.3 | 33.7 | 40.1 | 28.4 | 38.2 | 22.7 | 36.6 |

| $\alpha_d/$ (°) | $\beta_9/$ (°) | $2\lvert r_9\rvert/$ mm | $\beta_{10}/$ (°) | $2\lvert r_{10}\rvert/$ mm | $\beta_{11}/$ (°) | $2\lvert r_{11}\rvert/$ mm |
|---|---|---|---|---|---|---|
| 0 | 4.6 | 43.7 | 4.4 | 43.7 | 4.2 | 43.7 |
| 5 | 5.5 | 42.9 | 4.8 | 42.9 | 4.1 | 42.9 |
| 10 | 6.5 | 42.1 | 5.3 | 42.1 | 4.0 | 42.1 |
| 15 | 7.5 | 41.3 | 5.7 | 41.2 | 3.9 | 41.2 |
| 20 | 8.6 | 40.5 | 6.2 | 40.4 | 3.9 | 40.3 |
| 25 | 9.8 | 39.6 | 6.8 | 39.4 | 3.8 | 39.4 |
| 30 | 11.1 | 38.7 | 7.4 | 38.4 | 3.7 | 38.3 |
| 35 | 12.6 | 37.7 | 8.1 | 37.4 | 3.6 | 37.2 |
| 40 | 14.4 | 36.6 | 8.9 | 36.1 | 3.4 | 35.9 |
| 45 | 16.5 | 35.4 | 10.0 | 34.7 | 3.3 | 34.4 |

注:标记点编号由筛前向筛后依次增大。

表 9-2　筛面在 10 种前吊杆倾角条件下的转角

| $\alpha_d$ / ( ° ) | $\gamma_s$ / ( ° ) |
|---|---|
| 0 | 0.09 |
| 5 | 0.31 |
| 10 | 0.52 |
| 15 | 0.73 |
| 20 | 0.96 |
| 25 | 1.18 |
| 30 | 1.43 |
| 35 | 1.69 |
| 40 | 1.99 |
| 45 | 2.32 |

从振动筛的角度看,表 9-1 中得到的筛面标记点位移矢量大小的一半 $|r_i|$ 和位移矢量方向 $\beta_i$ 就是该点的筛面振幅和振动方向角。采用简单的多项式拟合法对表 9-1 中各倾角条件下的标记点位移矢量大小和位移矢量方向进行拟合可以得到很好的效果。将拟合结果绘制成曲面图,可更加细致直观地分析筛面各点振幅和振动方向角,如图 9-6 和图 9-7 所示。

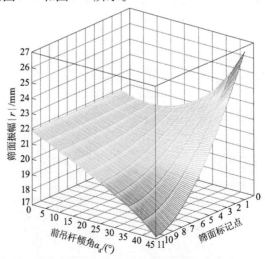

图 9-6　筛面各点在不同前吊杆倾斜角度条件下的振幅 $|r|$

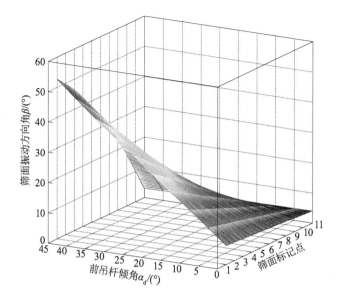

**图 9-7 筛面各点在不同前吊杆倾斜角度条件下的振动方向角 $\beta$**

由图 9-6 可见,在前吊杆倾角为 0°时,筛面各点的振幅基本一致(均在 22 mm 附近),当前吊杆倾角逐渐增大时,筛面前端(筛面标记点靠近 0)的振幅则逐渐增大,筛面后端(筛面标记点靠近 11)的振幅反而逐渐减小。由图 9-7 可见,变振幅运动筛面的振动方向角由筛面位置和前吊杆倾角共同决定。在前吊杆倾角不变的条件下,筛面前端的振动方向角大于筛面后端的振动方向角,且前吊杆倾角越大,筛面前端与后端的振动方向角差距越大;筛面同一位置的振动方向角与前吊杆倾角显著正相关,且越靠近筛前端,前吊杆倾角的正相关作用越显著。

由研究经验可知,筛面振幅和振动方向角对筛面抛掷强度的影响较大,进而对筛面颗粒运动也有重要影响。由以上分析可见,变振幅运动筛面的抛掷强度是前吊杆倾角和筛面位置的函数,单一抛掷强度不能表达整体筛面的抛掷能力。在 9.5 节将进行变振幅运动筛面局部抛掷强度的计算和分析。

## 9.4　变振幅筛分机构的多自由度分解

### 9.4.1　离散元模拟对复杂运动设置的要求

采用数值模拟的方法开展颗粒运动研究能够有效地揭示颗粒运动的内在机理。目前对颗粒运动进行数值模拟大都以离散元法为基础展开,在较为成熟的商业化软件中,由英国 DEM Solutions 公司开发的通用离散元软件 EDEM 能够满足常规颗粒运动的模拟需求。

在 EDEM 软件中,常规的平动和转动均可由软件自身较为方便地设置完成,但当部件的运动规律较复杂时,则不能直接设置完成,一般有两种方法可以实现:一种方法是采用多体动力学软件(如 Adams)与 EDEM 进行耦合求解的办法予以实现,但由于耦合过程中两类软件工作时步和计算效率的差异,耦合计算所消耗的时间较多,且耦合的接口程序需要研究人员根据自身需要进行二次开发;另一种方法是对复杂的部件运动进行近似的简化分解,然后在 EDEM 软件中通过多个自由度的平动和转动设置实现对复杂运动的合成。

第二种方式可看作近似的"单向耦合"(如基于欧拉模式的气流场与离散元耦合),其效果虽不及两种软件之间的双向实时耦合,但也能得到较近似的模拟结果,优点在于避免了两种软件协调仿真时低效费时的问题,能显著提高仿真效率。考虑到本书所需颗粒运动模拟试验次数较多,计算效率十分关键,所以本书将采用第二条途径进行变振幅筛面运动条件下的颗粒运动仿真。为此,首先需要对变振幅筛面运动进行多自由度的简化分解。

### 9.4.2　多自由度分解过程

图 9-8 描绘了变振幅运动筛面在 1/2 周期内从最低位置运动到最高位置的过程。其中,$A_1 C_1$ 表示筛面的最低位置,$A_2 C_2$ 表示筛面的最高位置。在连杆约束条件下,筛面的运动不是直线往复

运动形式。在前吊杆约束下,筛面前端点 $A$ 的运动轨迹是以前吊杆悬挂点为中心、前吊杆长度为半径的一段圆弧 $\overparen{A_1 A_2}$。同样,筛面后端点 $C$ 的运动轨迹是以后吊杆悬挂点为中心、后吊杆长度为半径的一段圆弧 $\overparen{C_1 C_2}$。由于前后吊杆的长度不等,因而这两段弧的弧长并不相等。另外,由于前吊杆的悬挂点能在以点 $A_1$ 为中心、前吊杆长为半径的一段45°圆弧范围内调整(图 9-8),因而弧 $\overparen{A_1 A_2}$ 的走向也不同于弧 $\overparen{C_1 C_2}$。因此,在由最低点到最高点的半周期内,筛面不仅发生了向右上方的平动,还同时发生了沿逆时针方向的少量转动,这一运动特征在前吊杆倾角增大时更加明显。

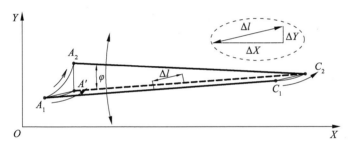

图 9-8 变振幅筛面运动的多自由度简化分解示意图

在 EDEM 软件中,输入几何体运动规律的总体思路是"合成",可供选择的运动方式总体包括"平动"和"转动"两大类,每类运动方式又有"线性"和"正弦周期"两种可选。由上述分析可见,变振幅筛面运动包括了向右上方的平动和沿逆时针方向的转动,因此,可考虑由平动和转动对变振幅筛面运动予以合成。具体的简化和分解过程如下:

假设筛面运动分两步进行:第一步,筛面从 $A_1 C_1$ 位置整体地平动 $\Delta l$ 长度到 $A' C_2$ 位置(图 9-8 中虚线所示);第二步,筛面以点 $C_2$ 为中心、筛面长度为半径沿逆时针方向转动 $\varphi$ 角度到 $A_2 C_2$ 位置。第一步的平动,可进一步分解为垂直方向的 $\Delta Y$ 和水平方向的 $\Delta X$。在 EDEM 的离散元模拟设置中,可通过输入 1 个绕筛面末端(点 $C$)的随体转动、1 个水平方向($X$ 方向)的平动和 1 个垂直方向($Y$

方向)的平动来近似地表达筛面的运动规律。这就是变振幅筛面的多自由度运动分解(2平移、1转动)。

具体操作中,首先,可将筛面末端(点 $C$)的实际位移作为上述分解中第一步平动的位移。点 $C$ 的实际运动轨迹是弧 $\overset{\frown}{C_1C_2}$,连接弧线首末端构建有向线段 $\overrightarrow{C_1C_2}$ 即为点 $C$ 的位移,其长度用 $\Delta l$ 表示,$\Delta l$ 可由 Adams 软件后处理程序和式(9-1)计算得到。其次,如图 9-8 所示,过点 $C_2$ 构建一条虚拟的筛面 $A'C_2$ 并平行于起始状态的筛面 $A_1C_1$,以此表示虚拟筛面整体以点 $C$ 位移进行平动。将 $\Delta l$ 分解为垂直方向的 $\Delta Y$ 和水平方向的 $\Delta X$,即可用于 EDEM 中离散元仿真的筛面运动输入设置。最后,筛面的转动角度 $\varphi$ 可通过在 Adams 中跟踪筛面的运动参数而获得,在效果上,等效于图 9-8 中 $A'C_2$ 与 $A_2C_2$ 的夹角。

## 9.5 筛面局部抛掷强度分析与计算

### 9.5.1 筛面局部抛掷强度

在经典的往复直线筛分运动中研究物料运动时,经常使用到"抛掷强度"的概念来反映筛面对物料的作用方式和效果。在不考虑气流的前提下,物料在往复直线运动筛面的受力分析包括竖直向下的重力、垂直筛面向上的支撑力、与运动方向相反的摩擦力,以及添加在物料上用于平衡力系的惯性力,其中,惯性力的大小由振动频率、振幅、振动方向角和筛面倾角决定。在受力分析的基础上,根据物料抛离筛面时的支撑力为零这一条件对筛面的抛掷强度(也叫抛掷指数)进行推演。推演的过程在经典教材和很多学术文献中都有描述,此处不再赘述。

抛掷强度的一般表达形式是

$$D = \frac{A\omega^2}{g} \cdot \frac{\sin(\beta - \alpha)}{\cos\alpha} \tag{9-3}$$

式中:$A$——筛面振幅,在经典的吊杆式往复直线筛分运动中,$A$ 一

般等于曲柄长度 $r$;

$\omega$——曲柄转速,也表示筛面振动的圆频率;

$\beta$——筛面的振动方向角,在经典往复直线筛分中为常量;

$\alpha$——筛面的静态倾角,在经典往复直线筛分运动中也是常量。

由于在经典往复直线筛分运动中上述参数均为常量,因而计算得到的抛掷强度 $D$ 也是常量,表示在确定结构和参数的典型往复筛分运动中,筛面处处以相同的抛掷强度进行工作。

变振幅运动筛面的抛掷强度显然不能直接依据式(9-3)进行计算。因为在变振幅筛面运动中,筛面前后不同位置处的振幅和振动方向角是不相等的,在一个运动周期内,筛面倾角也是动态变化的,当前吊杆进行调整时,上述参数还会进一步发生新的变化。但另一方面,考虑到式(9-3)表达的经典抛掷强度能切实反映筛面对物料的抛掷作用程度,因此,可将其进行局部化应用,用"局部抛掷强度"表示变振幅筛分中筛面对物料颗粒的抛掷作用程度。

图 9-9 所示为变振幅筛面运动过程中任意时刻单颗粒在筛面任意位置的状态分析示意。图中粗虚线表示筛面由最低位置运动到最高位置过程中任意时刻的筛面状态,有向线段 $\overrightarrow{A_1A_2}$、$\overrightarrow{i_1i_2}$ 和 $\overrightarrow{C_1C_2}$ 分别表示筛面前端点 $A$、筛面任意一点 $i$ 和筛面后端点 $C$ 由最低位置运动到最高位置时的位移,弧线 $\overset{\frown}{A_1A_2}$、$\overset{\frown}{i_1i_2}$ 和 $\overset{\frown}{C_1C_2}$ 分别表示这 3 个点的运动轨迹。图中实心圆表示筛面任意位置 $i$ 处的单颗粒物料,当筛面分别处于最低状态、任意状态和最高状态时,单颗粒在筛面 $i$ 处的位置分别用 $i_1$,$i'$ 和 $i_2$ 表示。为不失一般性,将图 9-9 中虚线矩形框中的内容进行放大(即筛面任意位置 $i$ 处的颗粒运动情况),并进行运动受力分析,用于讨论筛面局部抛掷强度的推演过程,如图 9-10 所示。

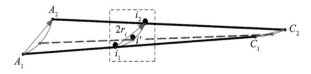

**图 9-9 单颗粒在变振幅筛面任意位置的状态分析示意图**

在图 9-10 中,$\beta$ 表示筛面振动方向角,$\alpha$ 表示筛面倾角。由于筛面倾角是动态值,因而用 $\alpha_1$ 表示初始位置(即最低位置)的筛面倾角,用 $\alpha_2$ 表示终了位置(即最高位置)的筛面倾角,用 $\alpha'$ 表示期间任意时刻的筛面倾角。

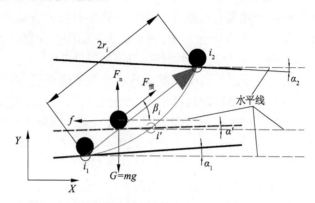

**图 9-10 变振幅筛面局部抛掷强度的推演过程示意图**

为便于分析,将单颗粒物料从弧线 $\overset{\frown}{i_1i_2}$ 与粗虚线交点处向左平移到有向线段 $\overrightarrow{i_1i_2}$ 与粗虚线交点处,是颗粒运动在筛面局部区域完全符合沿振动方向角进行直线往复运动的假设。借鉴经典的抛掷强度理论,易知此时筛面任意位置处的局部抛掷强度可表示为

$$D_p = \frac{r_i\omega^2}{g} \cdot \frac{\sin(\beta_i - \alpha')}{\cos\alpha'} \tag{9-4}$$

式中:$D_p$——变振幅运动筛面的局部抛掷强度;

$\beta_i$——筛面任意位置 $i$ 处的振动方向角;

$r_i$——筛面任意位置 $i$ 处的振幅。

由表9-3 和表9-4 经过计算可以得到式(9-4)所需筛面各标记点的振幅 $r_i$、振动方向角 $\beta_i$、任意时刻筛面倾角 $\alpha'$,然后根据式(9-4)进行计算即可得到变振幅筛分条件下的筛面局部抛掷强度 $D_p$。

**9.5.2 初始时刻在不同吊杆倾角条件下的筛面局部抛掷强度**

图 9-11 所示为以往复频率 4 Hz 为例计算得到的初始时刻筛

面各标记点在不同前吊杆倾角条件下的局部抛掷强度 $D_p$。由图 9-11 可见,变振幅筛面的局部抛掷强度受到筛面具体位置和前吊杆倾角的双重影响。增大前吊杆倾角,能够显著增大筛面同一位置的局部抛掷强度;在同等前吊杆倾角条件下,筛面前端(标记点靠近 0)的局部抛掷强度大于筛面后端(标记点靠近 11)的局部抛掷强度,且在前吊杆倾角较大的情况下,这一特点更加鲜明。

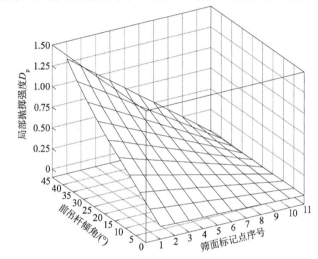

**图 9-11**　初始时刻筛面各标记点在不同前吊杆倾角条件下的局部抛掷强度

由图 9-11 还可见,在往复振动频率为 4 Hz 时,仅能在较大的前吊杆倾角(大于 30°)和较靠前的筛面位置(对应标记点序号 1,2,3)使筛面局部抛掷强度 $D_p$ 大于 1。由于抛掷强度的本质是加速度比,因而只有当抛掷强度大于 1 的时候,筛面颗粒群才能被显著地抛离筛面。因此,上述情况意味着此时(往复频率为 4 Hz 时)仅筛面前端的颗粒群能被明显地抛离筛面。这与第 10 章的颗粒群离散元模拟的结果和第 8 章的变振幅筛分试验结果是一致的。

9.5.3　一周期内在不同前吊杆倾角条件下的筛面局部抛掷强度

图 9-12、图 9-13 和图 9-14 分别是筛面标记点 1、标记点 10 和

标记点 11 在不同前吊杆倾角条件下一个运动周期内(0.25 s)的局部抛掷强度。由图 9-12 可见,筛面前端的局部抛掷强度几乎随着前吊杆倾角的增加而线性地增加,并且在一个运动周期内(0.25 s)基本没有变化。参见附录三可见,筛面标记点 2～9 在各前吊杆倾角条件下一个运动周期内的局部抛掷强度与图 9-12 中标记点 1 的情况基本类似,仅在数值上(图中曲面倾斜程度)略有变化。

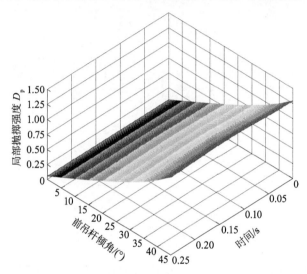

**图 9-12　标记点 1 在不同前吊杆倾角条件下一个运动周期内的局部抛掷强度**

由图 9-13 和图 9-14 可见,当前吊杆倾角为 0°时,筛面末端在一个运动周期内的局部抛掷强度基本没有变化,但随着前吊杆倾角的增大,筛面末端在一个周期内的局部抛掷强度会产生越来越大的波动,且在 1/2 周期时达到峰值。这表明,当前端吊杆保持在较大倾角时,筛面末端对颗粒的激励是周期性变化的。由于筛面前端和中部的大部分区域在一个运动周期内的局部抛掷强度都比较稳定,因而可预见,在一个周期内筛面整体颗粒运动应比较稳定,这与第 10 章的颗粒运动模拟结果和第 8 章的试验部分的结果是吻合的。

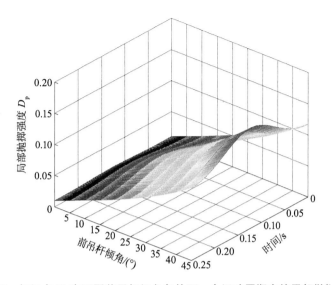

**图 9-13** 标记点 **10** 在不同前吊杆倾角条件下一个运动周期内的局部抛掷强度

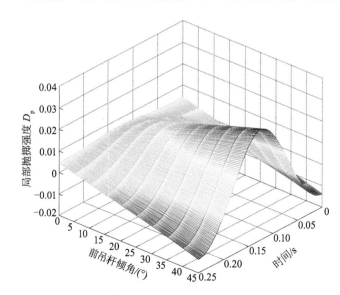

**图 9-14** 标记点 **11** 在不同前吊杆倾角条件下一个运动周期内的局部抛掷强度

## 9.6　小结

本章在分析典型往复式筛分机构的优点和不足的基础上,受人工簸扬仿生研究结果的启发,提出了变振幅筛分方法的实现思路和基本要求,并基于经典吊杆式筛分机构,构建了一种连杆式的变振幅筛分机构。

本章使用 Adams 软件建立了变振幅筛分机构模型,并获得了变振幅筛面若干标记点的运动位移。通过分析和推演,计算得到了变振幅筛面各标记点的振幅、振动方向角。基于经典抛掷强度的概念,推导并计算了变振幅运动筛面的局部抛掷强度,分析了前吊杆倾角和筛面位置等对局部抛掷强度的影响。为了便于在 EDEM 软件中进行变振幅筛分颗粒运动模拟,基于得出的筛面运动位移,通过推演简化对变振幅筛面运动进行了 3 自由度(2 平移、1 转动)分解,为开展颗粒运动模拟提供了基础和依据。

# 第 10 章　农业物料变振幅颗粒运动模拟与分析

颗粒运动模拟的最大优势在于能够获取任意颗粒在任意时刻和时间段内的运动学、动力学特征和很多微观信息,这些在实测试验中是难以获取的。通过对这些颗粒运动的微观信息进行深入分析和对比,能够挖掘更多在直观上难以发现的深层机理,进而对颗粒运动的本质规律进行更为量化的描述,也能为开展实际试验提供有益参考。

本章将采用 EDEM 软件对变振幅运动筛面的颗粒运动进行模拟,并对定义的 4 种颗粒运动评价指标进行计算分析,从量化的角度刻画颗粒运动特征。

## 10.1　颗粒运动模拟中的参数设置

近年来,基于散体力学和离散元法的颗粒物质研究在矿山、地质、农业、水利和化工等各个领域都有报道,颗粒物质的研究已经成为很多领域的研究热点。随着计算技术和计算机硬件水平的飞速提高,采用数值模拟的方法对颗粒物质的各种特性进行研究已经显现出越来越大的优势。进行变振幅颗粒运动模拟的软件是由英国 DEM Solution 公司开发的通用离散元软件 EDEM,很多文献都已对离散单元法的模型机理和 EDEM 软件的功能进行了详细的描述,此处不再赘述。

选择水稻作为变振幅颗粒运动模拟中的颗粒对象,具体包括水稻谷粒和水稻茎秆两种颗粒物料。为避免研究工作的重复和浪费,没有再对水稻谷粒和茎秆的相关机械力学特性和几何参数进行测试,主要参考了相关文献中的参数设置,仅在个别方面为提高计算效率进行了微调。颗粒运动模拟的主要目的是考察变振幅运动条件下筛面颗粒群的抛掷、后移和分层等,为提高单次仿真的计算效率,模拟试验中的筛箱底部没有设置筛孔。

颗粒运动模拟中所用的水稻谷粒和水稻茎秆三维模型如图10-1 所示,模拟中涉及的材料参数设置见表 10-1 和表 10-2。EDEM 仿真中计算域、筛箱和颗粒工厂的形状和位置关系如图10-2所示。

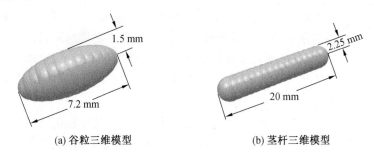

(a) 谷粒三维模型　　　　　　　　　　(b) 茎秆三维模型

**图 10-1　用于颗粒运动模拟的水稻谷粒三维模型和茎秆三维模型**

**表 10-1　颗粒运动仿真中的材料接触参数设置**

| 参数名称 | 谷粒/籽粒 | 谷粒/茎秆 | 谷粒/筛面 | 茎秆/筛面 | 茎秆/茎秆 |
|---|---|---|---|---|---|
| 恢复系数 | 0.2 | 0.2 | 0.5 | 0.2 | 0.2 |
| 静摩擦系数 | 1.0 | 0.8 | 0.7 | 0.8 | 0.8 |
| 滚动摩擦系数 | 0.01 | 0.01 | 0.01 | 0.01 | 0.01 |

**表 10-2　颗粒运动仿真中的材料自身力学参数设置**

| 参数名称 | 谷粒 | 筛面 | 茎秆 |
|---|---|---|---|
| 泊松比 | 0.3 | 0.3 | 0.4 |
| 剪切模量/MPa | 2.6 | 700 | 1 |
| 密度/(kg·m$^{-3}$) | 1 350 | 7 800 | 100 |

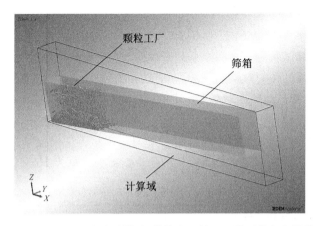

**图10-2　EDEM 仿真中计算域、筛箱和颗粒工厂的形状和位置关系**

颗粒运动仿真中的计算域尺寸:$X$ 方向 1 100 mm(0,1 100),$Y$ 方向 64 mm(0,64),$Z$ 方向 220 mm(0,220)。筛箱的尺寸及倾斜设置:$X$ 方向 1 000 mm,$Y$ 方向 60 mm,$Z$ 方向 120 mm。筛箱中心坐标(510,32,95),$Y$ 方向倾斜角度为 $-0.07$ rad(即筛面倾角4°),筛箱的上面和后面(即物料出口)设置为开放面。颗粒工厂设置为矩形,长 200 mm,宽 58 mm,$Y$ 方向偏转 6.21 rad(与筛面同倾角,为4°),中心坐标(130,32,110)。颗粒数量设置:谷粒设置 5 000 个,茎秆设置 250 个。颗粒尺寸:谷粒为椭球形,长 7.2 mm,旋转半径1.5 mm,茎秆为柱状,长 20 mm,直径 4.5 mm。颗粒产生方法:0~1 s 动态产生 5 000 个谷粒和 250 个茎秆,产生速度分别为5 000 个/s 和 250 个/s,初速度垂直向下 0.1 m/s,位置、角度和方向均设置为随机,颗粒尺寸固定位设定尺寸。计算域的单元格共计 25 000 个,总时间设置为 5 s,其中筛面三自由度运动的时间 1~5 s,即在 0~1 s 筛箱是静止不动的。

仿真中的运动设置主要由 2 平移、1 转动的三自由度运动合成而来,具体为沿 $X$ 方向的移动、沿 $Z$ 方向的移动和绕 $X-Z$ 平面内坐标为(1 012.97,70.02)的 $Y$ 方向旋转轴的转动(注:EDEM 环境中的 $Z$ 方向即为第 9 章运动分解部分的 $Y$ 方向)。具体的设置参数依据前述的变振幅机构近似换算得到,总体上以前吊杆倾角和运动频率为设置条件因素,前吊杆倾角分别为 0°,15°,30° 和 45°,运动频率为 4 Hz,5 Hz 和 6 Hz。

仿真试验主要从两个系列开展:① 在运动频率均为 5 Hz 时考察前吊杆倾角对颗粒运动的影响,共 4 组仿真;② 在前吊杆倾角为 45° 时考察运动频率对颗粒运动的影响,共 3 组仿真。由于其中一组的设置是一样的,因而共计开展 6 组仿真即可。在运动设置中,所有的周期运动的相位均需偏移 4.71 rad,以保证筛面从最低处开始运动。根据上述要求而设置的仿真运动条件见表 10-3。

表 10-3　颗粒运动模拟试验中的运动参数设置

| 序号 | 试验标识 | 频率/Hz | 水平振幅/mm | 垂直振幅/mm | 旋转振幅/rad |
|------|----------|---------|-------------|-------------|---------------|
| 1 | 0°-5 Hz | 5 | 21.80 | 1.59 | 0.000 8 |
| 2 | 15°-5 Hz | 5 | 20.55 | 1.41 | 0.006 4 |
| 3 | 30°-5 Hz | 5 | 19.13 | 1.23 | 0.012 45 |
| 4 | 45°-4 Hz | 4 | | | |
| 5 | 45°-5 Hz | 5 | 17.18 | 0.99 | 0.020 3 |
| 6 | 45°-6 Hz | 6 | | | |

## 10.2　颗粒运动唯象分析

### 10.2.1　颗粒群整体运动分析

从唯象的角度对颗粒运动模拟结果进行分析的优点是简明、直观。通过反复回放和暂停模拟试验的结果,可以获得仿真对象在任意局部、任意时刻的瞬时细微状态。

由于模拟试验在 0 ~ 1 s 的时间内均为颗粒群下落自由堆积的过程且筛箱为静止状态,因而无须对该时间段内的仿真情况进行分析。另外,虽然从 6 组模拟试验的回放结果中能看出一些差异,但仍然具备一些共同的运动特点。在对 6 组模拟试验分别进行细致量化的分析之前,先以前吊杆倾角为 45°、运动频率为 5 Hz 条件下的颗粒模拟试验(试验序号 5,标识 45°-5 Hz)为例对模拟试验结果的整体运动共性进行宏观上的唯象分析。

图 10-3 所示为前吊杆倾角为 45°、运动频率为 5 Hz 条件下 1~3 s 的颗粒运动整体时序截图。由图 10-3a,c,e,g 可见,在前 5 个周期内颗粒群整体一边变"薄",一边明显地后移;但对比图 10-3g,i 可见,在第 5 个周期之后颗粒群整体后移开始变缓。另外,对比图 10-3d,f,h 可见,在前 6 个周期内颗粒群整体被抛离筛面的程度越来越低,到 2.73 s 时,如图 10-3j 所示,颗粒群整体已不能被抛起。另外 5 组模拟试验中也存在这两种现象。

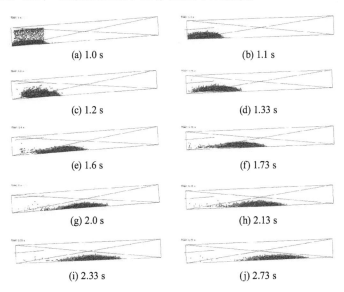

(a) 1.0 s     (b) 1.1 s

(c) 1.2 s     (d) 1.33 s

(e) 1.6 s     (f) 1.73 s

(g) 2.0 s     (h) 2.13 s

(i) 2.33 s     (j) 2.73 s

**图 10-3 前吊杆倾角为 45°、频率为 5 Hz 条件下的颗粒运动整体时序截图**

结合第 9 章对变振幅筛面局部抛掷强度的分析可以发现,上述两种现象的产生与筛面局部抛掷强度有较大的关系。局部抛掷强度的分析结果表明,变振幅运动筛面前端抛掷强度高于筛面后端,以 4 Hz 频率为例的计算结果表明变振幅筛面中后段的局部抛掷强度小于 1,因此,仿真试验中颗粒群在筛面前端能被抛离筛面,但越往后越不能被抛起,可见宏观上的仿真结果与局部抛掷强度分析结果的预期判断是一致的。

对上述仿真结果在 3 s 以后的颗粒运动进行观察后还可以发现,当颗粒群不能以被抛起的方式向后移动时,颗粒群整体会以"蠕动爬行"的方式后移。颗粒群在变幅运动筛面向后"爬行"过程的局部放大时序图如图 10-4 所示(图中的箭头表示每个颗粒的速度矢量)。

由图 10-4 可见,在 3.255 ~ 3.455 s 的一个运动周期内,所有颗粒的速度矢量在方向上都具有很高的一致性。在筛面上升至最高点的过程中,所有颗粒的方向同时经历了由向右上方(图 10-4a,b)到向水平向右(图 10-4c)的转变,随着筛面从最高位置的回落到最低位置,所有颗粒的方向同时经历了由向右下方(图 10-4d,e)到向左下方(图 10-4f,g)的转变,到 1 个周期结束时(3.455 s)所有颗粒的运动方向又恢复到 3.255 s 时的情况。这一个周期运动的结果是所有颗粒都没有被抛起,但颗粒群整体向筛后方向迁移了很小的一段距离,如同贴近筛面向后爬行一样。

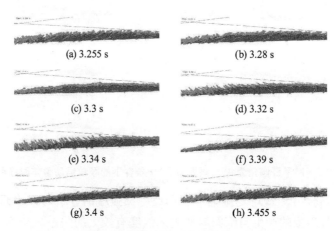

(a) 3.255 s     (b) 3.28 s

(c) 3.3 s     (d) 3.32 s

(e) 3.34 s     (f) 3.39 s

(g) 3.4 s     (h) 3.455 s

图 10-4　颗粒群在变振幅运动筛面的向后"爬行"过程

## 10.2.2 单颗粒运动分析

颗粒群的宏观描述无法显示单颗粒的运动过程,因此,在6组颗粒运动模拟试验中各任选取一个颗粒作为代表进行对比分析。图 10-5 所示为基于仿真数据画出的 6 组仿真试验中单颗粒的三维运动轨迹。

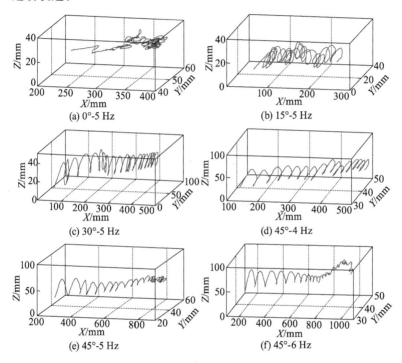

(a) 0°-5 Hz        (b) 15°-5 Hz

(c) 30°-5 Hz        (d) 45°-4 Hz

(e) 45°-5 Hz        (f) 45°-6 Hz

**图 10-5 每组颗粒运动模拟试验中单个颗粒的三维运动轨迹**

由图 10-5 可直观地看到,在 6 组模拟试验中,只有 0°-5 Hz 条件下的单颗粒运动显得较为混乱、随机,且在垂直方向上的波动范围也明显小于其他 5 组,这说明在此条件下颗粒群的内部运动较为随机且没有被抛离筛面。同时可发现,随着前吊杆倾角的逐步增大,同样在 5 Hz 的频率条件下,图中所示的单颗粒运动显示出越来越稳定的周期性;在前吊杆倾角均为 45°时,随着筛面运动频率的增大,单颗粒在筛面中后段的运动周期性逐渐丧失,显示出越来越随机的状态,由前面的宏观分析可知,此时筛面颗粒群处在"蠕动爬行"状态。此时的颗粒运动与0°-5 Hz条件下的情况一样都未能抛离筛面(抛掷强度低),但不同的是,由于前吊杆倾角较大(振动方向角变大),此时的颗粒群还能沿筛面缓慢后移。

结合第9章分析的变振幅条件下筛面局部抛掷强度和振动方向角的变化情况和此处的单颗粒运动描述可以发现,由于筛面振动频率较低,夹杂在颗粒群中的单个颗粒受到较多的约束和耗散,彼此差异不大,因而能够反映出颗粒群整体对筛面运动激励的响应特点。借助振动分析中的受迫振动概念,颗粒体系的这种响应特点可定性地描述为:在低频激振条件下,当筛面抛掷强度较大且能使颗粒群被抛离筛面时,颗粒体系的运动是筛面激振的受迫振动响应。这类似于相关文献中理论研究单颗粒筛面运动碰撞周期性中的单周期碰撞情况。当筛面抛掷强度较小且不能使颗粒群被抛离筛面时,颗粒体系内部的运动则较为杂乱和随机,区别在于:若此时振动方向角较小,则颗粒群整体不做明显迁移运动,若此时振动方向角较大,则颗粒群整体尚能沿筛面迁移。

## 10.3　颗粒群运动特征分析

### 10.3.1　颗粒群运动特征的定义

唯象分析的不足在于过于依赖表象而疏于挖掘隐藏在一系列数据背后的本质特征。对此,也有文献在对颗粒运动进行研究时能够依据通俗的统计概念定义计算有特定目的和意义的衡量指标,通过量化计算揭示颗粒运动的本质特点。定义所遵循的基本思路一般是从数理统计的角度计算某时刻某一区域内颗粒的某一位移分量的统计值。

已有多个文献分别定义了颗粒的分散分层指标。在部分文献中,由于颗粒群的运动均被限定在一个四周封闭、仅上面开口的立方体内,因而定义的指标主要用于刻画颗粒群在垂直方向的群体运动特征。

在变振幅筛面颗粒运动模拟中,颗粒群受筛面 3 个自由度运动的同时驱动(2 平移、1 转动),不但同时具有上抛和后移运动,而且颗粒群整体形状及其内部两种颗粒体系之间(籽粒与茎秆)的分化都会发生变化,因而更加复杂。根据变振幅筛面模拟颗粒的特点和研究需要,从数理统计的角度定义 4 个方面的指标用于刻画颗粒群的运动特征,包括:扩张系数——在时域内描述颗粒群自身的扩张程度;变形系数——在时域内描述颗粒群自身的变形程度;分层系数——在时域内描述颗粒群内部不同颗粒的分化程度;迁移系数——在时域和空域内描述颗粒群的迁移特征。

分别定义如下:

(1) 扩张系数

$$横向扩张系数: \delta_x(t) = \frac{\frac{1}{N}\sum_{i=1}^{N}|x_i(t) - \overline{x(t)}| - \delta_x(0)}{\delta_x(0)}$$

$$(10\text{-}1)$$

$$垂直扩张系数: \delta_z(t) = \frac{\frac{1}{N}\sum_{i=1}^{N}|z_i(t) - \overline{z(t)}| - \delta_z(0)}{\delta_z(0)}$$

$$(10\text{-}2)$$

式中:$N$——颗粒总数;

$x_i(t)$,$z_i(t)$——$t$ 时刻第 $i$ 个颗粒的横向位移和垂直位移;

$\overline{x(t)}$,$\overline{z(t)}$——$t$ 时刻所有颗粒的横向位移均值和垂直位移均值。

这样定义的扩张系数表示 $t$ 时刻颗粒群横向(或垂直方向)分散程度与初始时刻分散程度之差占初始分散程度的比值。这个比值的绝对值越大,表明随着时间的推移颗粒体系在该方向上的分散程度变化越大。若比值为正,则表明颗粒体系在该方向是扩张的;若比值为负,则表明颗粒体系在该方向上是收缩的(压缩的)。

（2）变形系数

$$\varphi_b(t) = \frac{z_{\max}(t) - z_{\min}(t)}{x_{\max}(t) - x_{\min}(t)} \tag{10-3}$$

式中：$z_{\max}(t)$，$x_{\max}(t)$——$t$ 时刻所有颗粒的最大垂直位移和最大横向位移；

$z_{\min}(t)$，$x_{\min}(t)$——$t$ 时刻所有颗粒的最小垂直位移和最小横向位移。

这样定义的变形系数能表示 $t$ 时刻颗粒群整体的大体形态特征。在一定时间段内计算出每一时刻的变形系数，可衡量出颗粒群整体在该时间段内的形态变化特征：当其变大时，表示颗粒群变"厚"了，当其变小时，表示颗粒群变"薄"了。

（3）分层系数

$$\lambda_f(t) = \frac{|\overline{z_g(t)} - \overline{z_s(t)}|}{|\overline{z_g(0)} - \overline{z_s(0)}|} \tag{10-4}$$

式中：$\overline{z_g(t)}$，$\overline{z_s(t)}$——$t$ 时刻所有谷粒（grain）的垂直位移均值和所有茎秆（stalk）的垂直位移均值。

这样定义的分层系数能够表示 $t$ 时刻颗粒群内部两种颗粒垂直位移均值之差与初始时刻的对比关系。计算出一定时间段内各时刻的分层系数，可显示出该时间段内两种颗粒在垂直方向上分层程度的演变过程。当分层系数大于 1 的时候，说明两种颗粒体系之间在垂直方向上是分离的，即分层效果明显；当分层系数小于 1 的时候，说明两种颗粒体系之间在垂直方向上是混杂的，分层效果不明显。

（4）迁移系数

$$\gamma_q(j) = \frac{|\overline{x(j)} - \overline{x(j-1)}|}{L_{screen}} \tag{10-5}$$

式中：$\overline{x(j)}$，$\overline{x(j-1)}$——分别为第 $j$ 个周期和第 $(j-1)$ 个周期的横向位移均值，$j = 1, 2, 3, \cdots, 16(20 \text{ 或 } 24)$；

$L_{screen}$——筛面的长度。

这样定义的迁移系数能够表示每一个激振周期后颗粒群整体

(中心)向筛尾方向迁移的效果,其值介于 0 和 1 之间,值越大表示迁移越明显。从计算得到连续若干周期激励后的系列迁移系数,可看出颗粒群整体的动态迁移特征。

### 10.3.2　颗粒运动特征的计算结果分析

（1）扩张系数

图 10-6 ~ 图 10-9 所示分别为按照式(10-1)和式(10-2)计算得到的不同前吊杆倾角条件和运动频率条件下的颗粒群横向扩张系数 $\delta_x(t)$ 和垂直扩张系数 $\delta_z(t)$。总体上可见,$\delta_x(t)$ 均为正值、$\delta_z(t)$ 均为负值,表明颗粒群在横向是扩张的,在垂直方向是收缩的,仿真结果也能很直观地看出这一结论。

由图 10-6 和图 10-7 可见,横向扩张系数 $\delta_x(t)$ 总体上随着时间的推移而呈抛物线式增大,表明颗粒群的横向扩张程度越来越大。当 $\delta_x(t)$ 大于 1 时,表明此时颗粒群的横向扩张程度已经超过初始时刻横向扩散程度的 1 倍。由图 10-7 可见,当前吊杆倾角均为 45°时,$\delta_x(t)$ 随着振动频率的增大而减小,表明单纯提高振动频率并不会增强筛面对颗粒群整体的横向激励作用。

由图 10-6 可见,在振动频率均为 5 Hz 的条件下,前吊杆倾角对颗粒群的横向扩张系数具有显著影响。当前吊杆倾角为 0°时,$\delta_x(t)$ 最大仅为 0.7 左右;前吊杆倾角增大到 15°时,$\delta_x(t)$ 很快超过 1.0;前吊杆倾角增大到 30°时,$\delta_x(t)$ 则有所减小,但仍能很快超过 1.0,显示出较强的横向激励作用;但当前吊杆倾角增大到 45°时,$\delta_x(t)$ 达到最小,且始终小于前吊杆倾角为 0°时的数值。这说明增大前吊杆倾角并不能一直增强筛面对颗粒群的横向激励作用。

结合第 9 章分析的局部抛掷强度可以知道,在同等运动频率的前提下,随着前吊杆倾角的增大,筛面前部的局部抛掷强度将得到提高,但同时,筛面后段的抛掷强度也会下降。当筛面前、后抛掷强度的此消彼长超过某一阶段时,必然会出现筛面整体对颗粒群横向激励作用的减弱,即 $\delta_x(t)$ 的先增大后减小。在上述条件下,能使颗粒群横向扩张系数达到最大值的前吊杆倾角为 15°。

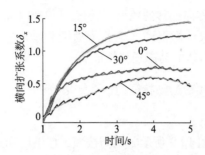

**图10-6　5 Hz 时不同前吊杆倾角条件下的横向扩张系数**

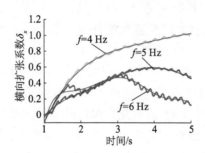

**图10-7　前吊杆倾角为45°时不同频率条件下的横向扩张系数**

　　由图10-8和图10-9可见,变振幅运动条件下颗粒群的垂直扩张系数 $\delta_z(t)$ 波动更加明显,但周期性较强。由前面的分析已知,颗粒群在垂直方向上的"扩张"是负的,即颗粒群在垂直方向上是收缩的,但观察数据的拟合中心线可见,颗粒群的收缩程度仅在初始阶段近似按对数规律增大(绝对值增大、数值减小),而后则较为平缓。另外,前吊杆倾角和振动频率对 $\delta_z(t)$ 的影响不同于 $\delta_x(t)$。观察图10-8和图10-9中的拟合中心线可见,当振动频率均为5 Hz时,不同前吊杆倾角条件下的 $\delta_z(t)$ 在 $-0.6 \sim -0.4$ 之间波动,当前吊杆倾角均为45°时,不同振动频率条件下的 $\delta_z(t)$ 也在 $-0.6 \sim -0.4$ 之间波动。这表明振动频率和前吊杆倾角对颗粒群垂直扩张系数的波动中心均无显著影响,仅对其波动程度有一定影响。

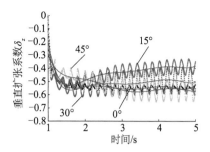

**图 10-8　5 Hz 时前吊杆不同倾角条件下的垂直扩张系数**

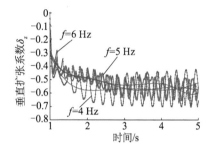

**图 10-9　前吊杆倾角为 45°时不同频率条件下的垂直扩张系数**

综上所述，前吊杆倾角对颗粒群横向扩张系数的影响较大且在 15°时使横向扩张系数最大；振动频率的增大会减小横向扩张系数。前吊杆倾角与振动频率对颗粒群垂直扩张系数波动中心的影响不大，仅影响其波动程度。

横向扩张系数反映了颗粒群沿筛面由前向后快速散开的能力，垂直扩张系数反映了颗粒群在垂直方向上的分散变化程度。在农业物料的变振幅筛分中，当希望颗粒群迅速向后散开时，可及时调整前吊杆倾角至 15°左右。扩张系数的分析为动态调整变振幅筛分机构提供了有益的参考。

（2）变形系数

图 10-10 和图 10-11 所示分别为依据式（10-3）计算得到，在 5 Hz 时前吊杆不同倾角条件下和在前吊杆倾角为 45°时不同频率条件下的 6 组颗粒运动模拟中颗粒群的变形系数 $\varphi_b(t)$。变形系

数的大小能够直接反映颗粒群的厚薄程度,其值越大表明颗粒群越厚,其值越小表明颗粒群越薄。

由图 10-10 和图 10-11 可以看到,变振幅运动颗粒群的变形系数 $\varphi_b(t)$ 总体上都存在较为明显的波动,图中为了方便观察各条件下变形系数的变化趋势,同样对每组变形系数数据添加了拟合中心线。由图 10-10 可见,当振动频率均为 5 Hz 时,$\varphi_b(t)$ 在初始阶段近似按对数曲线规律迅速由 0.45 左右减小到约 0.1(在 1.5 s 左右),而后在 0.08 左右波动。在此过程中,前吊杆倾角对 $\varphi_b(t)$ 没有明显影响。这表明当振动频率为 5 Hz 时,颗粒群都会在不到 1 s 的时间内迅速变薄,然后保持形状基本稳定。

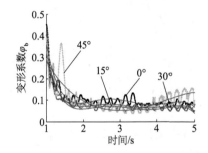

**图 10-10　5 Hz 时前吊杆不同倾角条件下的变形系数**

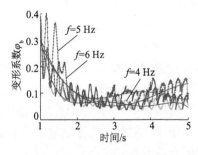

**图 10-11　前吊杆倾角为 45° 时不同频率条件下的变形系数**

由图 10-11 可见,$\varphi_b(t)$ 的整体变化趋势同样是在初始阶段由 0.4 左右迅速减小到 0.08 左右,然后保持相对平稳。振动频率对 $\varphi_b(t)$ 的影响较为明显,增大振动频率会导致 $\varphi_b(t)$ 的波动程度加大。由拟合中心线还可看出,振动频率较高时($f = 5$ Hz 和 $f =$ 6 Hz),$\varphi_b(t)$ 在初始阶段降低较缓,且在末尾部分略有上扬(由 0.08 左右增大到 0.12 左右)。这主要是因为一方面振动频率较高时,筛面前端的颗粒群横向扩张程度相对较缓(图 10-7)且颗粒运动较为活跃,所以初始阶段颗粒群变薄的速度较缓,使 $\varphi_b(t)$ 在初始阶段降低较缓;另一方面,在较高频率条件下,若干运动周期后筛面尾部已有部分颗粒离开筛面,导致 $x$ 方向颗粒群长度不断减小,使颗粒群整体长宽比变大,导致 $\varphi_b(t)$ 在末尾部分略微上扬。

从前述颗粒群的垂直扩张系数 $\delta_z(t)$ 也能侧面反映颗粒群整体厚薄形态的变化。此处颗粒群变形系数 $\varphi_b(t)$ 的分析与上述垂直扩张系数 $\delta_z(t)$ 的分析分别从两个方面反映了同样一个事实,即当运动频率为 5 Hz 时,无论前吊杆倾角如何变化,颗粒群整体都会迅速变薄而后保持形态相对稳定,区别仅在于当前吊杆倾角增大时颗粒群在前期变薄的速度会略有减慢。

(3)分层系数

图 10-12 和图 10-13 所示为依据式(10-4)计算得到的 6 组颗粒运动模拟中的颗粒群分层系数 $\lambda_f(t)$。分层是颗粒透筛的基本前提。根据式(10-4)定义的分层系数均为正值,大于 1 则表明不同颗粒体系之间分层明显,且数值越大表示分层效果越好;小于 1 表明不同颗粒体系之间分层不明显。由图 10-12 和图 10-13 可见,各条件下的变振幅筛分颗粒群分层系数 $\lambda_f(t)$ 都具有较明显的周期性波动。

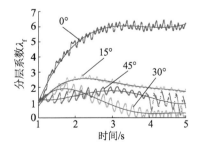

**图 10-12　5 Hz 时前吊杆不同倾角条件下的分层系数**

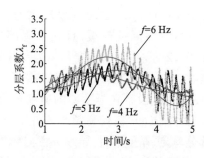

**图 10-13　前吊杆倾角为 45°时不同频率条件下的分层系数**

由图 10-12 可见,在振动频率均为 5 Hz 的条件下,当前吊杆倾角为 0°时的颗粒群分层效果最好,此时 $\lambda_f(t)$ 不仅大于 1,且随着时间的推移近似呈对数规律增大至 6.0 左右;当前吊杆倾角增大时, $\lambda_f(t)$ 都出现先增大后减小的情况,最大值不超过 2.5,且只有前吊杆倾角为 15°时, $\lambda_f(t)$ 能始终保持在 1.0 以上,在其他前吊杆倾角时 $\lambda_f(t)$ 已出现小于 1.0 的情况,此时的颗粒群分层效果很差。这说明,增大前吊杆倾角对颗粒群的分层效果影响很大。

由图 10-13 可见,在前吊杆倾角均为 45°的条件下,增大振动频率能使 $\lambda_f(t)$ 在前半阶段由 1.5 左右略微增大至 2.0 左右,但在后半阶段则急剧减小至 1.0 以下。因此,在前吊杆为 45°的条件下,在低频范围(4 ~ 6 Hz)内通过改变振动频率不能使颗粒群的分层效果得到显著改善。

综合图 10-12 和图 10-13 的分析可知,通过增大前吊杆倾角和改变振动频率都不能使变振幅筛分过程中的颗粒群分层效果得到改善。

（4）迁移系数

对于连续筛分作业而言,筛面颗粒物料需要一边分层透筛,一边向后迁移。分层是透筛的前提,透筛是筛分的终极目的,迁移则是连续筛分作业中维持整个"物料流"动态平衡的关键。迁移太快则筛分不足,以致损失增加,但若因喂入量陡增或物料潮湿等因素而使物料向后迁移乏力以致堆积堵塞,则颗粒分层和透筛均无从谈起。因此,讨论筛分作业中的颗粒群迁移特征具有重要意义,保证筛面具有足够的迁移调节能力是开展变振幅筛分研究的重要意义所在。

直观地从颗粒运动模拟试验和实测试验中都难以对颗粒群的迁移能力给出准确的描述。依据式(10-5)计算得到的迁移系数$\gamma_q(j)$可以对颗粒模拟中的颗粒群迁移能力做出量化的表征。$\gamma_q(j)$主要描述的是每次筛面运动之后颗粒群整体向后迁移的速度,其值为正值,值越大表明迁移速度越快。对各组仿真试验计算得到的颗粒群迁移系数如图 10-14 和图 10-15 所示。

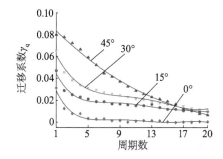

**图 10-14　5 Hz 时前吊杆不同倾角条件下的迁移系数**

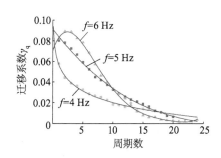

**图 10-15　前吊杆倾角为 45°时不同频率条件下的迁移系数**

由图 10-14 可见,当振动频率均为 5 Hz 时,不同前吊杆倾角条件下的$\gamma_q(j)$均随着筛面振动周期数的增大而逐渐减小,其中,当前吊杆倾角为 0°,15°和 30°时,$\gamma_q(j)$先快速减小(前 5 个周期)、后缓慢减小,而当前吊杆倾角为 45°时,$\gamma_q(j)$则是整体近似线性地缓慢减小。这表明:在各种前吊杆倾角条件下,变振幅筛分中颗粒群向后迁移的能力都是逐渐衰减的,但当前吊杆倾角较大时,衰减过程将变缓。此外可见,随着前吊杆倾角的增大,$\gamma_q(j)$在全部周期范围内都得到了显著提升,表明增大前吊杆倾角能在全部筛面长度范围内提升颗粒群的迁移能力,这一结论对解决筛面物料堆积滞留的问题具有积极意义。

由图 10-15 可见,振动频率对 $\gamma_q(j)$ 的影响也较为明显。在前吊杆倾角均为 45° 的条件下,当振动频率为 4 Hz 时,$\gamma_q(j)$ 呈类似对数规律先快后慢的衰减过程;当振动频率增大为 5 Hz 时,$\gamma_q(j)$ 的初值几乎不变,但呈近似线性规律的均匀衰减过程;而当振动频率增大至 6 Hz 时,$\gamma_q(j)$ 在呈现短暂增大后(前 3 个周期)迅速衰减。这表明单纯改变振动频率并不能稳定地调节变振幅筛分中颗粒群的迁移能力。

## 10.4　小结

本章以水稻颗粒和水稻茎秆为颗粒群代表,对变振幅筛面的颗粒群运动进行了离散元模拟。基于颗粒运动模拟能够获得所有颗粒微观运动参数的特点,定义并计算、分析了颗粒群的扩张系数、变形系数、分层系数和迁移系数。结果表明:前吊杆倾角对颗粒群横向扩张系数的影响较大,且在 15° 时横向扩张系数最大;增大前吊杆倾角和改变振动频率都难以改善变振幅筛分中的颗粒群分层效果;增大前吊杆倾角能在全部筛面长度范围内提升颗粒群的迁移能力;振动频率对颗粒群的迁移系数影响较为明显但不稳定。本章定义的颗粒群运动评价指标对其他相关研究具有重要的参考意义。

# 第 11 章　基于能量关系的筛面颗粒群运动研究

从能量的角度看,筛面颗粒群能够进行复杂运动所依靠的动能和势能均来自运动筛面的不断碰撞和激励,周期性的强制运动是筛面颗粒群进行颗粒运动的唯一能量源。因此,在由筛面和颗粒群组成的复杂碰撞系统中,始终存在着一对"能量输入-吸收"关系,这一"能量流"始终贯穿于全部的筛面颗粒运动过程。研究筛面颗粒运动过程中的能量流动关系,将有助于揭示筛面颗粒运动中的内在机理。本章将从能量的角度分析离散元模拟过程中变振幅筛面颗粒群的运动情况。

## 11.1　筛面任意位置在单周期内对单位质量颗粒可能提供的能量

从能量的输入端看,筛面运动为周期性的强制运动,相对于质量有限的颗粒群物料而言,刚性筛面具有足够的承载能力(即不会过载),对颗粒群的实际输入能量完全取决于当前筛面的物料承载量(即负载)。

从能量的吸收端看,颗粒群从运动筛面获得的能量包括动能和势能。实际的颗粒群运动过程中不可避免地存在各种能量耗散因素,如颗粒之间及其与筛面的摩擦、碰撞变形、空气阻尼等,因此,颗粒群的能量吸收率不可能达到 100% 。

筛面能提供给颗粒的能量包括动能和势能。沿用第 9 章图 9-10 的分析,设筛面任意位置 $i$ 处近似地沿某一振动方向角做往复直线运动,振幅为 $r_i$,振动方向角为 $\beta_i$。若以振动方向为 $y_i$ 轴,以最

低处为零点,那么 $i$ 处的筛面运动位移方程和速度方程可以表示为

$$y_i = r_i [1 - \cos(\omega t)] \tag{11-1}$$

$$\dot{y}_i = r_i \omega \sin(\omega t) \tag{11-2}$$

式中:$\omega$——圆频率;

$y_i$——筛面 $i$ 处的位移;

$\dot{y}_i$——筛面 $i$ 处的速度。

在筛面任意位置 $i$ 处与筛面始终能保持接触的质量为 $m$ 的单个颗粒在任意时间 $t$ 的动能和势能分别为

$$E_{i\_动} = \frac{1}{2} m \dot{y}_i^2 = \frac{1}{2} m r_i^2 \omega^2 \sin^2(\omega t) \tag{11-3}$$

$$E_{i\_势} = mg \cdot h(t) = mg \cdot y_i \sin \beta_i = mg r_i \sin \beta_i [1 - \cos(\omega t)] \tag{11-4}$$

式中:$E_{i\_动}$,$E_{i\_势}$——单颗粒在 $i$ 处的动能和势能;

$h(t)$——$t$ 时刻的颗粒高度;

$g$——重力加速度。

在筛面任意位置 $i$ 处的单颗粒在任意时刻 $t$ 的总能量为

$$E_i = E_{i\_动} + E_{i\_势} = \frac{1}{2} m r_i^2 \omega^2 \sin^2(\omega t) + mg r_i \sin \beta_i [1 - \cos(\omega t)] \tag{11-5}$$

对于固定振幅往复振动筛,与筛面保持接触的单颗粒在筛面各处所具有的能量是均等的,都可按照式(11-5)计算。例如,取筛面振幅(曲柄长度)为 30 mm、振动频率为 4 Hz、振动方向角为 35°,并取颗粒质量 $m$ 为单位质量 1,则固定振幅往复振动筛筛面各处接触颗粒所具有的能量如图 11-1 所示。

由图 11-1 可见,在一个运动周期(0.25 s)中,筛面能给颗粒提供的动能存在两个最大值,对应于颗粒两次经过振动中心处的情况;筛面能给颗粒提供的势能存在一个最大值,对应筛面达到最高位置时的情况。对于总能量而言,则存在两个相等的最大值和一个极小值,显然,总能量的最大值并非动能最大值与势能最大值

的和。在图 11-1 中,筛面传递给颗粒的最大机械能可能是图中的点 $A$ 和点 $B$ 对应的能量值。

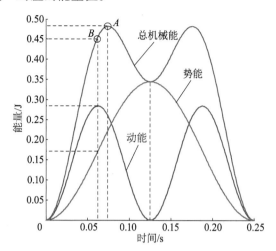

**图 11-1　单周期内固定振幅往复运动筛面的单位质量颗粒可能获得的理想动能与势能**

研究筛面激振给颗粒群输入能量的初衷,是探讨随着筛面连续的周期运动给颗粒群不断地输入能量,颗粒群能够吸收、存储多少机械能并转化为复杂的粒群运动。

如果颗粒有可能获得的最大总能量是图 11-1 中点 $A$ 所对应的总机械能峰值,那么颗粒将始终与筛面保持接触(因为前 1/4 周期内筛面对颗粒起加速推动作用),则颗粒的总机械能会一直沿图 11-1 中所示的总机械能曲线波动,周而复始地在 0 和峰值之间变化,这表示无论经过多少个振动周期,颗粒的总机械能都不会"积蓄"起来,使其能够"逃离"筛面,这对上述讨论的初衷而言是没有意义的。

如果颗粒有可能获得的最大总能量是图 11-1 中点 $B$ 所对应的总机械能峰值,该点对应 1/4 周期时刻,是筛面向上加速运动的终止时刻和振动中心位置,那么在此之后的时间里颗粒已经离开筛面,其运动依靠惯性维持,此时筛面已不能传递任何能量给颗粒。

这种情况表明颗粒能够在与筛面不断的碰撞过程中"积攒"能量进行更复杂的颗粒运动,这是符合本书的研究初衷的。

因此,在单周期的筛面运动过程中,颗粒有可能获得的最大机械能是 1/4 周期时刻的峰值动能与此时的势能之和,即图 11-1 中点 $B$ 处的总机械能。

据此,可直接写出质量为 $m$ 的颗粒在筛面任意位置 $i$ 处能够在一个周期运动内可能获得的最大机械能为

$$E_{i\max} = \frac{1}{2}mr_i^2\omega^2 + mgr_i\sin\beta_i \qquad (11\text{-}6)$$

显然,在振动圆频率 $\omega$ 不变的情况下,$E_{i\max}$ 与振幅 $r_1$ 和振动方向角 $\beta_i$ 相关。

## 11.2 单周期内筛面整体能够提供的最大机械能

由第 9 章的研究可知,在变振幅筛分过程中,振幅 $r_i$ 与振动方向角 $\beta_i$ 均随着筛面位置的变化而变化,即 $r_i$ 和 $\beta_i$ 是筛面长度 $l$ 的函数,可分别写作 $r_i(l)$ 和 $\beta_i(l)$。因此,$E_{i\max}$ 也是筛面长度 $l$ 的函数,可写作 $E_{i\max}(l)$。如果沿筛面建立一个坐标轴 $l$,并将筛面前端作为 0 点,那么单周期内筛面整体能够提供给颗粒群的最大机械能就是 $E_{i\max}(l)$ 沿着筛面长度方向的积分,可以表示为

$$E_{\text{总max}} = \int_0^l E_{i\max}(l)\,\mathrm{d}l \qquad (11\text{-}7)$$

为便于计算,可将筛面分成若干长为 $\Delta l_i$ 的区间,则式(11-7)的积分计算可改写为离散求和的形式:

$$E_{\text{总max}} = \sum_{i=1}^{n} E_{i\max}(l_i)\Delta l_i \qquad (11\text{-}8)$$

式中:$n$——$\Delta l_i$ 的数量。

考虑到农业物料的颗粒尺度一般在 1 ~ 30 mm 范围内,且式(11-8)的计算属于理论估算的范畴,因此,可取 $\Delta l_i = 10$ mm,则 $n = 100$。假设筛面从前到后各处都有单位质量的颗粒,则计算得到的 10 种前吊杆倾角条件下的变振幅筛面可能提供给单位质量颗粒的

总机械能如图 11-2 所示。

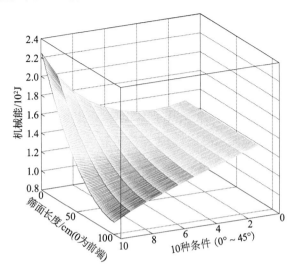

**图 11-2　变振幅筛面在 10 种前吊杆倾角条件下**
**可能提供给单位质量颗粒的机械能**

由图 11-2 可见,前吊杆倾角和筛面位置都对变振幅筛面可能提供给筛面各处单位质量颗粒的最大机械能有显著影响。在前吊杆倾角为 0°时,变振幅筛面前后各处提供给单位质量颗粒的最大机械能几乎没有差别;随着前吊杆倾角的增大,变振幅筛面的前端能提供给单位质量颗粒的最大机械能越来越大,但筛面后端能提供的最大机械能越来越小。

## 11.3　EDEM 模拟中单周期内颗粒群的能量吸收计算

颗粒运动模拟的一大优势是能够提供任意时刻所有颗粒的相关微观信息,充分使用和挖掘颗粒的微观信息将有助于揭示颗粒运动的本质规律。在 EDEM 软件中,通过后处理程序能够得到任意颗粒在任意时刻的动能信息和势能信息。由第 9 章的分析和第 10 章的 EDEM 模拟结果可知,物料主要在筛面前端被抛离筛面。

由 11.2 节的分析可知,单周期内筛面可能提供的最大机械能也只在颗粒能被抛离筛面的前提下才有意义。考虑到计算量不能太大,将重点计算 6 组 EDEM 模拟试验中每次筛面前端在单周期内对颗粒群的输入能量,再结合 EDEM 模拟中颗粒群的实际能量即可得到不同颗粒对能量的吸收率。

用 $E_g$ 和 $E_j$ 分别表示谷粒动能和茎秆动能,用 $W_g$ 和 $W_j$ 分别表示谷粒势能和茎秆势能,用 $X_E$ 表示动能吸收率,用 $X_W$ 表示势能吸收率,能量(包括动能和势能)吸收率的计算式为

$$能量吸收率 = \frac{实际能量}{输入能量} \times 100\% \tag{11-9}$$

实际能量可由 EDEM 的后处理程序获得,输入能量则需要进行理论计算。由 11.1 节和 11.2 节的分析可知,单周期内前 1/4 周期为能量的输出阶段,因此,根据式(11-3)和式(11-4)只计算前 1/4 周期的理论动能和势能即可。为便于计算,将所有颗粒的总质量视为一个单颗粒的质量,所取位置为筛面前端。6 组 EDEM 仿真试验的理论输入能量计算的参数设置见表 11-1。计算结果在 11.4 节和 11.5 节与颗粒实际能量、能量吸收率进行对比分析。

表 11-1　理论输入能量计算中的参数设置

| 试验标识 | 颗粒总质量 $m_z$/kg | 谷粒质量 $m_g$/kg | 茎秆质量 $m_j$/kg | 振幅 $r_i$/mm | 振动方向角 $\beta_i$/(°) | 圆频率 $\omega$/(rad·s$^{-1}$) |
|---|---|---|---|---|---|---|
| 0°-5 Hz | | | | 21.88 | 6.28 | 31.4 |
| 15°-5 Hz | | | | 21.61 | 21.20 | 31.4 |
| 30°-5 Hz | 0.229 7 | 0.223 9 | 0.005 8 | 22.93 | 36.58 | 31.4 |
| 45°-4 Hz | | | | | | 25.12 |
| 45°-5 Hz | | | | 26.68 | 52.70 | 31.4 |
| 45°-6 Hz | | | | | | 37.68 |

## 11.4　前吊杆倾角对颗粒能量及其吸收率的影响

在 EDEM 模拟中,当振动频率固定为 5 Hz 时共进行了 4 种前

吊杆倾角条件下的仿真试验,据此可以考察前吊杆倾角对颗粒能量(包括动能和势能)及其吸收率的影响。下面按动能和势能分别展开分析。

### 11.4.1 前吊杆倾角对谷粒和茎秆动能及其吸收率的影响

计算得到的频率为 5 Hz 时不同前吊杆倾角条件下谷粒输入动能曲线与模拟试验中谷粒实际动能曲线对比如图 11-3 所示。图 11-4 所示为按照式(11-9)计算的谷粒动能吸收率。

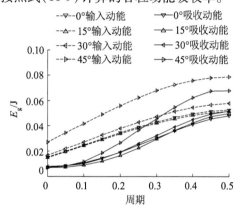

**图 11-3 频率为 5 Hz 时不同前吊杆倾角条件下谷粒的输入动能与吸收动能曲线对比**

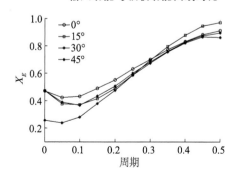

**图 11-4 频率为 5 Hz 时不同前吊杆倾角条件下谷粒动能的吸收率**

由图 11-3 可见,前吊杆倾角在 0°~30°范围内对谷粒理论输入动能和实际吸收动能的影响较小,当前吊杆倾角增大到 45°时,谷粒的理论输入动能和实际吸收动能都有了大幅的提升。另外,由图 11-4 可见,谷粒的动能吸收率总体上呈现前低后高的特点,且初始阶段吸收率最高的是前吊杆倾角为 0°时的情况,末尾阶段吸收率最高的是前吊杆倾角为 15°时的情况。同时可见,前吊杆倾角在 0°,15°,30°时的谷粒动能吸收率曲线彼此差异不大,但前吊杆倾角为 45°时的谷粒动能吸收率曲线则显著低于前 3 种条件下的动能吸收率曲线,表明此时的谷粒动能吸收率最差。

结合图 11-3 和图 11-4 可知,前吊杆倾角在 0°～30°范围内对谷粒的理论输入动能、实际吸收动能和动能吸收率的影响均较小,在 45°时对谷粒动能的理论值、实际值有较明显的增强作用,但同时对谷粒动能吸收率有较明显的抑制作用。

图 11-5 和图 11-6 所示分别为茎秆颗粒在振动频率为 5 Hz 时各前吊杆倾角条件下的理论输入动能、实际吸收动能和动能吸收率曲线。将图 11-5 和图 11-6 分别对比图 11-3 和图 11-4 中同样条件下的谷粒动能曲线可见,前吊杆倾角对茎秆和谷粒的影响规律很类似,即在 0°～30°时影响较小,但在 45°时影响较大(较显著地增大动能,但抑制动能的吸收率)。茎秆质量和谷粒质量显著不同,导致其各自的动能差异较大,但对比图 11-4 和图 11-6 可明显看到,茎秆和谷粒在 4 种前吊杆倾角条件下的动能吸收率都十分接近。

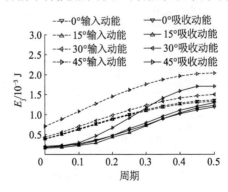

**图 11-5 频率为 5 Hz 时不同前吊杆倾角条件下茎秆的输入动能与吸收动能**

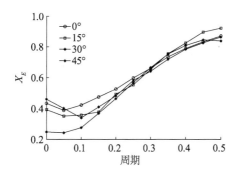

**图 11-6 频率为 5 Hz 时不同前吊杆倾角条件下茎秆动能的吸收率**

考虑到计算对比的是变振幅筛面前端的颗粒能量吸收情况，因此，上述分析表明：在变振幅筛分中的筛前端，茎秆和谷粒这两种颗粒受前吊杆倾角变化的影响是一样的，且对输入动能的吸收率也是一样的。这间接说明此时茎秆和谷粒在混合颗粒群中的活跃程度（摩擦和碰撞等）是彼此类似的。

### 11.4.2 前吊杆倾角对谷粒和茎秆势能及其吸收率的影响

图 11-7～图 11-10 所示分别是当振动频率为 5 Hz 时，不同前吊杆倾角条件下的谷粒和茎秆理论输入势能、实际吸收势能及势能吸收率曲线。与前面分析谷粒和茎秆的动能情况一样，此处谷粒输入势能曲线、吸收势能曲线及各自的势能吸收率也都和茎秆的情况类似，仅在前吊杆倾角为 0° 时的势能吸收率曲线有较大区别。这同样反映出谷粒和茎秆此时在颗粒群中的活跃程度是彼此类似的。

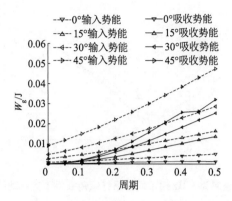

**图 11-7　频率为 5 Hz 时不同前吊杆倾角条件下谷粒的输入势能与吸收势能**

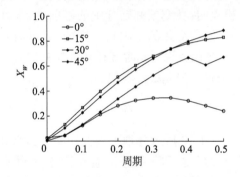

**图 11-8　频率为 5 Hz 时不同前吊杆倾角条件下谷粒势能的吸收率**

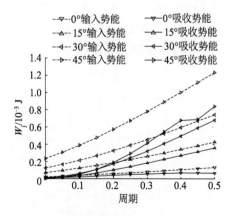

**图 11-9　频率为 5 Hz 时不同前吊杆倾角条件下茎秆的输入势能与吸收势能**

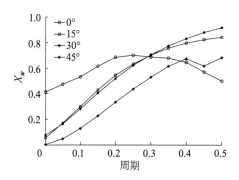

**图 11-10　频率为 5 Hz 时不同前吊杆倾角条件下茎秆势能的吸收率**

由图 11-7 和图 11-9 中不同前吊杆倾角条件下的势能曲线可以看出,随着前吊杆倾角由 0°依次增大为 15°,30°和 45°,谷粒和茎秆的势能在全部周期范围内均有较明显的增大,说明前吊杆倾角对谷粒和茎秆的势能具有显著的促进作用。另一方面,由图 11-8 和图 11-10 可见,前吊杆倾角在 15°~30°范围内颗粒的势能吸收率总体较高,在 0°和 45°时势能吸收率较低。

## 11.5　振动频率对颗粒能量及其吸收率的影响

在 EDEM 仿真中,当前吊杆倾角固定为 45°时共进行了 3 种振动频率条件下的仿真试验,据此可以考察振动频率对颗粒能量及其吸收率的影响。下面分别按动能和势能展开分析。

### 11.5.1　振动频率对谷粒和茎秆的动能及其吸收率的影响

图 11-11 ~ 图 11-14 显示的是当前吊杆倾角均为 45°时不同振动频率条件下谷粒和茎秆的输入动能、吸收动能和动能吸收率曲线。由图 11-11 ~ 图 11-14 可见,同等振动频率条件下的谷粒动能曲线及其吸收率与茎秆动能曲线及其吸收率也是类似的。另一方面,由图 11-11 和图 11-13 可见,当振动频率由 4 Hz 依次增大到 5 Hz 和6 Hz 时,颗粒的动能都明显增大,表明振动频率对颗粒动能具有显著的促进作用;由图 11-12 和图 11-14 可见,当振动频率由

4 Hz 增大到 5 Hz 时,颗粒的动能吸收率先减小再增大,当振动频率继续由 5 Hz 增大到 6 Hz 时,动能吸收率在全周期范围内都增大,但总体上振动频率对颗粒动能吸收率的影响较小。

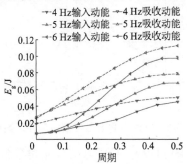

**图 11-11** 前吊杆倾角均为 45°时不同振动频率条件下谷粒的输入动能与吸收动能

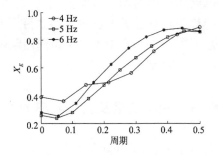

**图 11-12** 前吊杆倾角均为 45°时不同振动频率条件下谷粒的动能吸收率

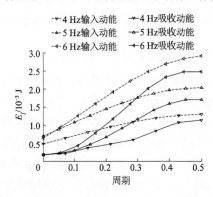

**图 11-13** 前吊杆倾角均为 45°时不同振动频率条件下茎秆输入动能与吸收动能

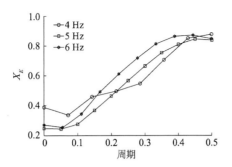

**图 11-14** 前吊杆倾角均为 **45°** 时不同振动频率条件下茎秆的动能吸收率

### 11.5.2 振动频率对谷粒和茎秆的势能及其吸收率的影响

图 11-15 ~ 图 11-18 所示分别为当前吊杆倾角均为 45°时不同振动频率条件下谷粒和茎秆的输入势能、吸收势能和势能吸收率曲线。由图 11-15 ~ 图 11-18 可见,谷粒势能曲线及其吸收率与茎秆势能曲线及其吸收率总体上依然较为类似。但对比图 11-16 和图 11-18 可见,在 3 种振动频率条件下的谷粒势能吸收率都比茎秆的势能吸收率略高,尤其是振动频率为 6 Hz 时谷粒的势能吸收率最高已接近 1。另一方面,由图 11-15 和图 11-17 可见,振动频率增大时,谷粒和茎秆的势能都有微量的增加,但总体上振动频率对谷粒和茎秆的势能影响并不如对谷粒和茎秆的动能影响大。

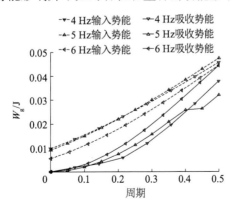

**图 11-15** 前吊杆倾角均为 **45°** 时不同振动频率条件下谷粒的输入势能与吸收势能

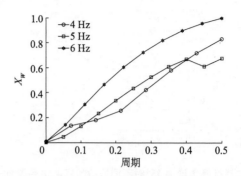

**图 11-16** 前吊杆倾角均为 45°时不同振动频率条件下谷粒的势能吸收率

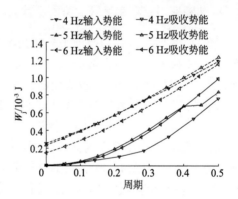

**图 11-17** 前吊杆倾角均为 45°时不同振动频率条件下茎秆的输入势能与吸收势能

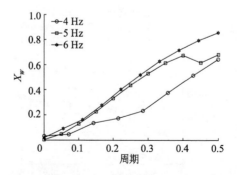

**图 11-18** 前吊杆倾角均为 45°时不同振动频率条件下茎秆的势能吸收率

综合上述的颗粒能量分析可见：在变振幅筛分中的筛面前端，

谷粒和茎秆的能量特征差异很小,表明其在混合颗粒群中的活跃程度类似;前吊杆倾角在 0°～30°范围内对颗粒动能的影响很小,在 45°时颗粒动能显著增大,但动能吸收率明显减小;增大前吊杆倾角能显著增大颗粒势能,在 15°和 30°时颗粒势能吸收率较高;在前吊杆倾角均为 45°时,增加振动频率能较显著地增大颗粒动能,但对动能吸收率、颗粒势能及其吸收率的影响都较为有限。

## 11.6　小结

本章主要从能量的角度对变振幅筛分中运动颗粒的动能和势能及其吸收率进行了研究,从能量的角度反映颗粒群的运动特征。着重分析了变振幅筛分中前吊杆倾角和振动频率对颗粒群中谷粒和茎秆的动能、势能及其吸收率的影响。结果表明:筛面前端的谷粒和茎秆在混合颗粒群中的活跃程度类似;前吊杆倾角在 45°时颗粒动能显著增大,但动能吸收率明显减小,此时增加振动频率能较显著地增大颗粒动能;增大前吊杆倾角能显著增大颗粒势能,前吊杆倾角在 15°和 30°时颗粒势能吸收率较高。本章结合理论计算和模拟结果对颗粒群进行的能量分析可以为其他相关研究提供参考。

# 第12章　农业物料变振幅筛分试验

颗粒运动模拟的主要优势是能够提供大量的微观信息，但也存在单次试验耗时太长、条件假设和理论近似等问题。例如，实际进行一次筛分试验仅需几秒钟即可，而在现有条件下进行一次时长 5 s、颗粒量仅 5 000、颗粒成分仅 2 种的模拟试验则需计算机昼夜工作 10 天左右。

在前面几章对农业物料变振幅筛分进行仿真和理论分析后，本章将以水稻颗粒群为代表，在自制的变振幅筛分试验台上进行农业物料变振幅筛分试验，并采用高速摄像技术获取各条件下的颗粒群运动时序图像。通过对时序图像中定义的颗粒群参数进行测量，将试验测试结果与仿真试验结果进行对比，验证前述对变振幅筛分进行多自由度近似分解的可行性和模拟结果的正确性。

## 12.1　试验台结构

自制的变振幅筛分试验台核心部分是前面所述的由传统吊杆式往复筛分机构演变而来的变振幅筛分机构，如图 12-1 所示。筛箱的长、宽、高分别为 1 000 mm，200 mm 和 250 mm，其中筛箱长度和筛面倾角都与仿真试验中的设置一样，筛箱的长度、筛面倾角、前后吊杆的长度、驱动连杆和曲柄的长度及结构参数与第 9 章机构分析部分一样，不再赘述。

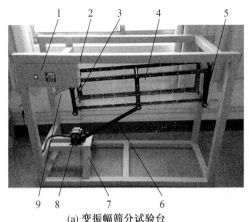

(a) 变振幅筛分试验台          (b) 前吊杆倾角调节孔

1—控制器;2—试验台框架;3—前吊杆;4—筛箱;5—后吊杆;
6—驱动连杆;7—电机支架;8—驱动电机;9—前吊杆倾角调节孔。

**图 12-1 变振幅筛分试验台和前吊杆倾角调节孔**

筛分机构的框架通过矩形钢固定,底部驱动电机为步进电机,
步进电机由安装在框架左上方的控制盒进行驱动和控制。在筛箱
前端设计加工有一系列前吊杆倾角调节孔,如图 12-1b 所示。调节
孔位于里外两块弧形板上,弧形板的弧形中心位于静止状态时前
吊杆与筛箱前端的连接点处,在 0°~45°的范围内每隔 5°加工有一
个螺纹通孔,用于更改变振幅筛面前吊杆的悬挂位置,可保证在任
何前吊杆倾角条件下筛面的初始状态都不会改变。为了便于试验
观察和摄像,筛箱的底面、侧面和前面都由透明有机玻璃板制成。

## 12.2 试验方案

开展农业物料变振幅筛分试验的主要目的是与仿真试验进行
对比,检验离散元仿真中对变振幅筛面运动进行三自由度简化分
解的可行性,验证仿真结果的正确性。因此,试验中筛箱底面同样
为一块金属光板,且使用成分单一的水稻颗粒作为农业物料代表
(品种为武粳 15,千粒重 31.72 g,含水率 26.7%)。

　　经由多次预备试验,考虑到试验台驱动电机承载能力和试验的主要目的,试验中设定振动频率为 4 Hz。为了便于后续的目标图像测量,筛箱里侧采用白纸覆盖。试验按照前吊杆倾角从 0° 到 45° 每隔 5° 做一次调整,共进行 10 次试验。每次试验使用的水稻均为 1 kg,且在初始时刻统一堆积为如图 12-2 所示的形状。

**图 12-2　试验开始前的物料初始状态**

　　试验采用高速摄像技术获取每次试验的序列图像,所使用的高速摄像机和配套设备与第 4 章中的一样,此处不再赘述。试验的采样频率设置为 100 帧/s,以筛面开始运动为 0 时刻,采集 0 ~ 6 s 的图像,共 24 个周期、600 帧图像,图像的截取和存储过程与第 8 章一样,此处不再赘述。试验现场布置如图 12-3 所示。

1—快捷操作面板 CDU;2—变振幅筛分试验台;
3—高速摄影灯;4—奥林巴斯高速摄像机。

**图 12-3　变振幅筛分的高速摄像试验现场布置**

## 12.3　试验结果处理

在获取变振幅筛分的视频文件（＊.hsv 格式）后，同样需要使用 ProAnalyst 软件进行"帧抽取"操作才能获得变振幅筛分的序列图像（＊.bmp 格式）。获得序列图像之后，继续使用该软件可以方便地对目标图像中的指定对象进行长度测量，测量时软件的整体界面如图 12-4 所示。进行长度测量时，首先需要在图片平面内建立横、纵坐标，如图 12-5a,b 所示，然后在图片区域中通过先后选择起始点（Point #1）和终点（Point #2）形成希望测量部分的线段，再单击"执行"（Apply）按钮即出现该线段的像素数量，如图 12-5c 所示。最后根据当前图像像素数与实际长度的比例关系，即可换算得出该线段的长度。

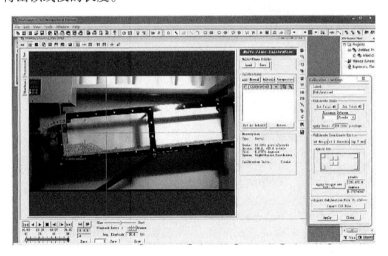

**图 12-4　图像测量软件 ProAnalyst 在进行目标图像长度测量时的整体界面**

(a) 沿坐标轴 *X* 方向测量长度

(b) 沿坐标轴 *Y* 方向测量长度

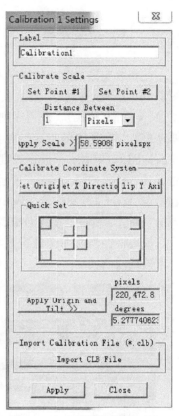

(c) 所得像素数

**图 12-5　ProAnalyst 软件进行目标图像长度测量的过程**

　　台架试验不能像仿真试验那样基于全体颗粒个体的位移数据对颗粒群的运动特征进行刻画。考虑到采集的图像数量较多,为提高处理效率,仅对每次试验中各运动周期内筛面最低时刻和最高时刻的图像进行处理(即单次试验 24 个运动周期内处理 48 帧图片),这样得到的结果也能用于描述若干周期运动后的颗粒群运动概况。

　　在正式测量之前,首先需要定义变振幅筛分试验中的颗粒群整体运动测量指标,如图 12-6 所示。

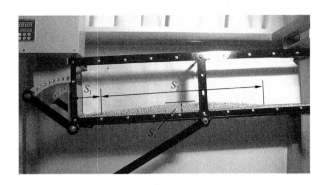

**图 12-6　变振幅筛分试验中颗粒群整体的测量指标定义**

图 12-6 所示为前吊杆倾角为 45°时采集的第 292 帧图像,此时筛面运动至本次试验第 11 个周期的最上端位置。在图 12-6 中,$S_1$ 表示颗粒群前端离筛面前端的距离,反映颗粒群前端位置的变化;$S_2$ 表示颗粒群的前端与颗粒群的后端之间的距离(平行于筛面),反映颗粒群横向长度的变化(平行于筛面);$S_3$ 表示颗粒群的厚度(垂直于筛面),反映颗粒群纵向高度的变化(垂直于筛面)。

另外,再以筛箱前端面和筛箱底面为零点、沿筛面向上和向右为正方向(坐标系如图 12-5a,b 所示),定义颗粒群中心横向位移为 $S_{cx}$:

$$S_{cx} = S_1 + \frac{S_2}{2} \tag{12-1}$$

式中:$S_{cx}$ 可用于反映颗粒群中心的横向运动情况。

## 12.4　试验结果分析

### 12.4.1　与仿真试验结果的直观对比

在变振幅筛分的颗粒群仿真试验中,运动频率共设置有 4 Hz,5 Hz 和 6 Hz 三种情况,前吊杆倾角共设置有 0°,15°,30°和 45°四种情况。在本章开展的变振幅筛分试验中,受驱动电机功率的限制,运动频率最大只能设置到 4.5 Hz 附近,但前吊杆倾角能够方便地在 0°～45°每隔 5°进行调整。为了验证 EDEM 离散元仿真试验中对变振幅筛面运动进行三自由度(2 平移、1 转动)近似分解的可行性,可以将仿真试验与实际试验中结构和运动参数一致的情况进行——对比。

图 12-7 所示为前吊杆倾角为 45°、运动频率为 4 Hz 时仿真试验和实测试验中 1 个周期内的结果对比。图中从图 12-7a 到图 12-7i 的 9 幅"截图－照片"均为试验开始后第 3 个周期内(0.5～0.75 s)每隔 0.03 s 所抽取的对应仿真和试验的画面(注:仿真试验中筛面从 1.0 s 开始运动,因此显示的是 1.5～1.74 s,下同)。通过对比可以同步地观察 1 个周期内同一时刻的筛面及筛面物料运动情况。由图 12-7 可以直观地看到,仿真试验中由 3 个自由度运动合成得到的筛面运动与实际变振幅筛分试验中的单自由度筛面运动(仅有一个运动输入且产生确定性运动轨迹)在 1 个周期内各时刻的运动状态是基本一致的,这表明前述离散元仿真试验中对变振幅筛面运动进行的三自由度近似分解是可行的。

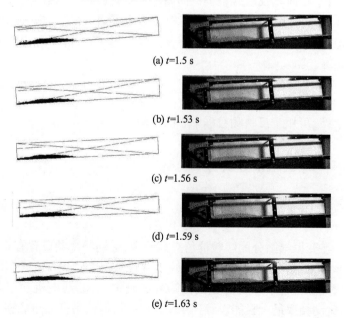

(a) $t$=1.5 s

(b) $t$=1.53 s

(c) $t$=1.56 s

(d) $t$=1.59 s

(e) $t$=1.63 s

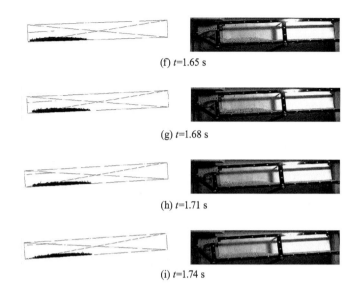

(f) *t*=1.65 s

(g) *t*=1.68 s

(h) *t*=1.71 s

(i) *t*=1.74 s

**图 12-7　前吊杆倾角为 45°时 1 个周期内的 EDEM 仿真结果与实测试验结果对比**

　　另一方面,由于时间太短(仅 1 个周期 0.25 s),因而无论是仿真试验还是实测试验中的筛面颗粒群运动的位移改变不明显。因此,将试验开始后从 0.5 s 到 2.5 s(第 3~10 个周期,仿真试验中筛面从 1.0 s 开始运动)连续 8 个运动周期内每隔 0.25 s(1 个周期)抽取一张"截图 – 照片"进行对比,如图 12-8 所示。

　　在图 12-8 中的 9 幅"截图 – 照片"中,筛面状态都处于一个周期内的最低位置,左侧仿真截图中的中心交叉线和右侧高速摄像照片中筛框中部的黑色框条都位于筛箱的前后正中位置。以筛面和筛框为参照,通过对比在同样 8 个周期连续激励条件下仿真试验和实测试验中的筛面物料位置可以较直观地看出,仿真试验和实测试验中的筛面颗粒群运动是基本一致的,再次表明仿真试验中的三自由度运动分解是可行的,也表明离散元仿真试验中的颗粒运动结果是正确的。

(a) *t*=1.5 s

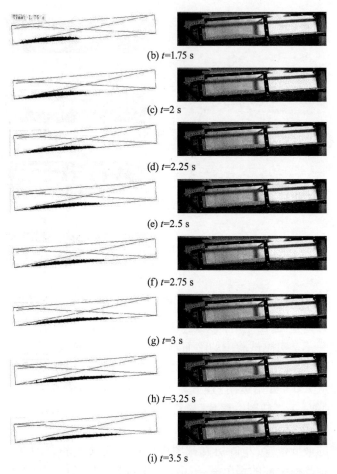

(b) *t*=1.75 s

(c) *t*=2 s

(d) *t*=2.25 s

(e) *t*=2.5 s

(f) *t*=2.75 s

(g) *t*=3 s

(h) *t*=3.25 s

(i) *t*=3.5 s

**图 12-8　前吊杆倾角为 45°时连续 8 个运动周期的仿真结果与试验结果对比**

### 12.4.2　前吊杆倾角对颗粒群运动的影响

相对于仿真实验,实测试验的优点在于试验过程和结果更加真实,且单次试验消耗的时间极少。在变振幅筛分的台架试验中,前吊杆倾角能够在 0°～45° 范围内每隔 5°进行一次调整,而在 EDEM 离散元仿真中,受限于极低的计算效率,前吊杆倾角只能每隔 15°进行一次调整。因此,在变振幅筛分的台架试验中,能更加充分地研究前吊杆倾角对筛面颗粒群运动的影响。

使用图 12-5 所示的测量方法能够得到前面定义的 4 个评价指标 $S_1, S_2, S_3, S_{cx}$，基于这 4 个评价指标，可对实测试验中的颗粒群运动进行如下分析：

图 12-9 所示为台架试验中在 10 种前吊杆倾角条件下的颗粒群厚度 $S_3$ 随筛面运动周期数的变化情况。由图 12-9 可见，在各前吊杆倾角条件下，颗粒群的厚度 $S_3$ 会随着筛面运动迅速减小至一个较平稳的值，与第 10 章计算分析的垂直扩张系数 $\delta_z(t)$ 和变形系数 $\varphi_b(t)$ 的变化趋势是一致的。

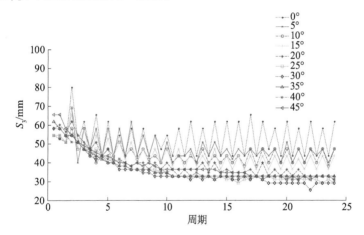

**图 12-9　变振幅筛分中各前吊杆倾角条件下颗粒群厚度 $S_3$ 的变化**

在细节上，当前吊杆倾角较小时（此时筛面前后振幅差别较小）颗粒群厚度在较短的时间内（小于 5 个周期）下降了较小的幅度（小于 20 mm）就进入了稳定期，但稳定期的波动仍然较大；当前吊杆倾角较大时（此时筛面前后振幅差别较大）颗粒群厚度在较长的时间内（5 ~ 10 个周期）下降了较大的幅度（约 40 mm）才进入稳定期，但稳定期的波动很小。

图 12-10 所示的是台架试验中在 10 种前吊杆倾角条件下颗粒群长度 $S_2$ 和颗粒群中心横向位移 $S_{cx}$ 在连续 24 个筛面运动周期的变化过程。

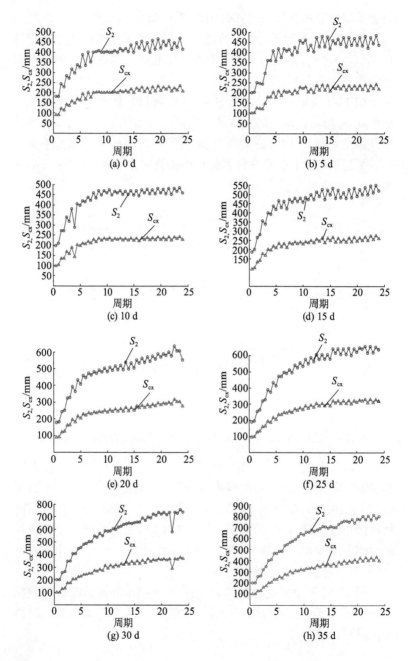

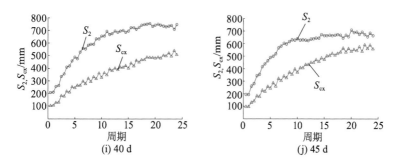

**图 12-10** 在不同前吊杆倾角条件下的颗粒群长度 $S_2$
与颗粒群中心横向位移 $S_{cx}$ 对比

由图 12-10 可见:① 前吊杆倾角越大,颗粒群长度 $S_2$ 和颗粒群中心横向位移 $S_{cx}$ 的波动程度越小;② 当前吊杆倾角较小(小于15°)时,经历 24 个周期的连续筛面激励后,$S_2$ 和 $S_{cx}$ 都会进入稳定阶段(分别在 450 mm 和 230 mm 附近),表明颗粒群不再向后移动,当前吊杆倾角较大(超过 15°)时,$S_2$ 和 $S_{cx}$ 都会随着筛面激励的持续而不断增加,且前吊杆倾角越大,这一趋势越明显,表明颗粒群始终在向后移动;③ 当前吊杆倾角小于 40°时,$S_{cx}$ 始终保持在 $S_2$ 的一半左右,表明此时颗粒群中心横向位移的增加主要贡献于颗粒群自身长度的增加,但当前吊杆倾角达到 40°以后,$S_{cx}$ 明显超过 $S_2$ 的一半,在前吊杆倾角为 45°时尤为明显,表明此时颗粒群中心横向位移的增大不仅来自于其自身长度的增加,也来自于颗粒群整体的后移。

以上分析说明 $S_{cx}$ 更能反映颗粒群整体的后移表现。将 $S_{cx}$ 按照吊杆倾角和筛面运动周期数在三维图中展开,得到图 12-11 所示的 $S_{cx}$ 三维曲面图。由图 12-11 更能清晰地看出,在同样的运动周期内,增大前吊杆倾角能迅速增强筛面颗粒群的后移程度,且在前吊杆倾角超过 15°后,这一增强作用更加明显。这与第 10 章中的分析结果是一致的。因此,在变振幅筛分研究过程中,如果希望物料快速后移,那么至少应该使前吊杆倾角应该大于 15°。

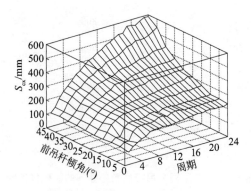

**图 12-11    全部周期内各前吊杆条件下的颗粒群中心横向位移 $S_{cx}$**

## 12.5    小结

本章在自制的变振幅筛分试验台上,以水稻为颗粒群对象,采用高速摄像对 10 种前吊杆倾角条件下的筛面颗粒群运动进行了图像采集。通过对比同等条件下前述离散元仿真试验中和本章实测试验中在单周期内和连续 8 个周期内的序列图像,表明仿真试验中对变振幅运动筛面进行的三自由度运动分解是可行的,也表明仿真试验中的颗粒运动是正确的。基于本章定义并由图像测量得到的颗粒群运动指标可知,增大前吊杆倾角(尤其超过 15°之后)能迅速增强筛面颗粒群的后移程度。

# 参考文献

［1］张占立,杨继昌,丁建宁,等.蛇腹鳞表面的超微结构及减阻机理[J].农业机械学报,2007,38(9):155-158.

［2］胡友耀,丁建宁,杨继昌,等.蛇类表皮的生物摩擦学性能研究[J].润滑与密封,2006,183(11):56-59.

［3］周长海,田丽梅,任露泉,等.信鸽羽毛非光滑表面形态学及仿生技术的研究[J].农业机械学报,2006,37(11):138-142.

［4］任露泉,陈德兴,胡建国.土壤动物减粘脱土规律的初步分析[J].农业工程学报,1990,6(1):15-20.

［5］任露泉,丛茜,陈秉聪,等.几何非光滑典型生物体表防粘特性的研究[J].农业机械学报,1990,21(2):29-34.

［6］佟金,孙霁宇,张书军.神农蜣螂前胸背板表面形态分形及润湿性[J].农业机械学报,2002,33(4):74-76.

［7］田丽梅,任露泉,韩志武,等.仿生非光滑表面脱附与减阻技术在工程上的应用[J].农业机械学报,2005,36(3):138-142.

［8］张成春,任露泉,刘庆平,等.旋成体仿生凹坑表面减阻试验研究[J].空气动力学学报,2008,26(1):79-84.

［9］葛亮.仿生不粘锅黏附性能的研究[D].长春:吉林大学,2005.

［10］刘小民,汤虎,王星,等.苍鹰翼尾缘结构的单元仿生叶片降噪机理研究[J].西安交通大学学报,2012,1:35-41.

［11］任露泉,彭宗尧,陈庆海,等.离心式水泵仿生非光滑增效的试验研究[J].吉林大学学报(工学版),2007,3:575-581.

［12］陈勇,佟金,陈秉聪.黄牛在松软地面行走步态的逆向动力学

分析[J].农业机械学报,2007,10:165 – 169.

[13] 张永智,左春柽,孙少明,等.水田叶轮仿生增力叶片[J].吉林大学学报(工学版),2008,S2:153 – 157.

[14] 李建桥,任露泉,刘朝宗,等.减粘降阻仿生犁壁的研究[J].农业机械学报,1996,2:2 – 5.

[15] 任露泉,丛茜,吴连奎,等.仿生非光滑推土板减粘降阻的试验研究[J].农业机械学报,1997,2:3 – 7.

[16] 汪久根,张建忠.仿鱼鳞的减阻表面设计[J].润滑与密封,2005,5:19 – 20.

[17] 汲文峰,贾洪雷,佟金.旋耕 – 碎茬仿生刀片田间作业性能的试验研究[J].农业工程学报,2012,12:24 – 30.

[18] 任露泉,徐德生,邱小明,等.仿生非光滑耐磨复合层的研究[J].农业工程学报,2001,3:7 – 9.

[19] 陈勇.仿生机器人运动形态的三维动态仿真[D].长春:吉林大学,2005.

[20] 王会方.串联机器人多目标轨迹优化与运动控制研究[D].杭州:浙江大学,2011.

[21] 王国强,马若丁,刘巨元,等.金属摩阻材料间摩擦因数与滑动速度关系的研究[J].农业工程学报,1997,13(1):35 – 38.

[22] 白鸿柏,张培林,黄协清.摩擦因数随速度变化振动系统 Fourier 级数计算方法研究[J].机械科学与技术,2000,19(5):745 – 746,749.

[23] 佟金,马云海,任露泉.天然生物材料及其摩擦学[J].摩擦学学报,2001,21(4):315 – 320.

[24] 刘庆庭,区颖刚,卿上乐,等.农作物茎秆的力学特性研究进展[J].农业机械学报,2007,38(7):172 – 176.

[25] (德)谢尔格 M,(乌)戈尔博 S.微/纳米生物摩擦学:大自然的选择[M].李健,杨膺,顾卡丽,等译.北京:机械工业出版社,2004.

[26] 杨劲峰,陈清,韩晓日,等.数字图像处理技术在蔬菜叶面积

测量中的应用[J].农业工程学报,2002,18(4):155-158.

[27] 李耀明,王智华,徐立章,等.油菜脱出物振动筛分运动分析及试验研究[J].农业工程学报,2007,09:111-114.

[28] 李耀明,赵湛,陈进,等.风筛式清选装置上物料的非线性运动规律[J].农业工程学报,2007,11:142-147.

[29] 邓嘉鸣,沈惠平,李菊,等.三维并联振动筛设计与实验[J].农业机械学报,2013,11:342-346.

[30] 王成军,李耀明,马履中.基于并联机构的多维振动筛分试验台设计[J].农业机械学报,2012,04:70-74.

[31] 李耀明,赵湛,张文斌,等.基于Mean shift的筛面物料颗粒目标运动轨迹跟踪[J].农业工程学报,2009,5:119-122.

[32] 李建平,赵匀.物料在振动筛面上抛起的计算机模拟和实验研究[J].农业工程学报,1997,4:51-53.

[33] 成芳,王俊.风筛式清选装置筛上流场的试验研究[J].农业工程学报,1999,1:61-64.

[34] 李洪昌,李耀明,唐忠,等.风筛式清选装置振动筛上物料运动CFD-DEM数值模拟[J].农业机械学报,2012,02:79-84.

[35] 李骅,张美娜,尹文庆,等.基于CFD的风筛式清选装置气流场优化[J].农业机械学报,2013,S2:12-16.

[36] 李智,周龙,王东.基于蚁群算法的往复振动筛运动参数优化设计[J].农业机械学报,2004,3:76-78,82.

[37] 孙秀芝,程革,程万里.平面往复运动筛面尺寸对筛分性能影响的试验研究[J].农业机械学报,1990,4:46-52.

[38] Maertens K, Ramon H, De Baerdemaeker J. An on-the-go monitoring algorithm for separation processes in combine harvesters [J]. Computers and Electronics in Agriculture, 2004, 43(3): 197-207.

[39] Craessaerts G, Saeys W, Missotten B, et al. A genetic input selection methodology for identification of the cleaning process on a combine harvester, Part I: Selection of relevant input variables

for identification of the sieve losses[J]. Biosystems Engineering, 2007, 98(2): 166 – 175.

[40] Craessaerts G, Saeys W, Missotten B, et al. A genetic input selection methodology for identification of the cleaning process on a combine harvester, Part II: Selection of relevant input variables for identification of material other than grain (MOG) content in the grain bin[J]. Biosystems Engineering, 2007, 98(3): 297 – 303.

[41] Craessaerts G, Saeys W, Missotten B, et al. Identification of the cleaning process on combine harvesters. Part I: A fuzzy model for prediction of the material other than grain (MOG) content in the grain bin [J]. Biosystems Engineering, 2008, 101 (1): 42 – 49.

[42] Wallays C, Missotten B, De Baerdemaeker J, et al. Hyperspectral waveband selection for on-line measurement of grain cleanness[J]. Biosystems Engineering, 2009, 104(1):1 – 7.

[43] Gebrehiwot M G, De Baerdemaeker J, Baelmans M. Effect of a cross-flow opening on the performance of a centrifugal fan in a combine harvester: Computational and experimental study [J]. Biosystems Engineering, 2010, 105(2): 247 – 256.

[44] Craessaerts G, de Baerdemaeker J, Missotten B, et al. Fuzzy control of the cleaning process on a combine harvester[J]. Biosystems Engineering, 2010, 106(2): 103 – 111.

[45] Gebrehiwot M G, De Baerdemaeker J, Baelmans M. Numerical and experimental study of a cross-flow fan for combine cleaning shoes[J]. Biosystems Engineering, 2010, 106(4): 448 – 457.

[46] Bartzanas T, Kacira M, Zhu H, et al. Computational fluid dynamics applications to improve crop production systems[J]. Computers and Electronics in Agriculture, 2013, 93: 151 – 167.

[47] Nona K D, Lenaerts B, Kayacan E, et al. Bulk compression characteristics of straw and hay [J]. Biosystems Engineering,

2014, 118: 194 – 202.

[48] Kemble L J, Krishnan P, Henning K J, et al. PM-power and machinery: development and evaluation of kenaf harvesting technology[J]. Biosystems Engineering, 2002, 81(1): 49 –56.

[49] Leblicq T, Vanmaercke S, Ramon H, et al. Mechanical analysis of the bending behavior of plant stems[J]. Biosystems Engineering, 2015, 129:87 – 99.

[50] Soni P, Salokhe V M. Influence of dimensions of UHMW-PE protuberances on sliding resistance and normal adhesion of bangkok clay soil to biomimetic plates[J]. Journal of Bionic Engineering, 2006, 3(2): 63 –71.

[51] Soni P, Salokhe V M, Nakashima H. Modification of a mouldboard plough surface using arrays of polyethylene protuberances [J]. Journal of Terramechanics, 2007, 44(6): 411 –422.

[52] Gasparetto A, Seidl T, Vidoni R. A mechanical model for the adhesion of spiders to nominally flat surfaces[J]. Journal of Bionic Engineering, 2009, 6(2): 135 – 142.

[53] Cohen L. Time-frequency analysis[M]. New Jersey: Prentice Hall PTR, 1995.

[54] Gabor D. Theory of communication. Part 1: The analysis of information. Electrical engineers-part III: radio and communication engineering[J]. Journal of the Institution of, 1946, 93(26): 429 –441.

[55] Wang J H, Chen W K. Investigation of the vibration of a blade with friction damper by HBM[J]. Journal of Engineering for Gas Turbines and Power, 1993:115, 295.

[56] Al Sayed B, Chatelet E, Baguet S, et al. Dissipated energy and boundary condition effects associated to dry friction on the dynamics of vibrating structures[J]. Mechanism and Machine Theory, 2011, 46(4): 479 –491.

[57] 温诗铸,黄平.摩擦学原理[M].4版.北京:清华大学出版社,2012.

[58] Saeidirad M H, Rohani A, Zarifneshat S. Predictions of viscoelastic behavior of pomegranate using artificial neural network and Maxwell model. Computers and Electronics in Agriculture, 2013,98: 1–7.

[59] (美)克里斯坦森 R M. 粘弹性力学引论[M].郝松林,老亮,译.北京:科学出版社,1990.

[60] 张准,汪凤泉.振东分析[M].南京:东南大学出版社,1991.

[61] 闻邦椿,刘树英,何勋.振动机械的理论与动态设计方法[M].北京:机械工业出版社,2002.

[62] Katsuhiko O. 系统动力学[M].韩建友,李威,邱丽芳,译.4版.北京:机械工业出版社,2005.

[63] (美)Moler C B. MATLAB 数值计算[M].喻文健,译.北京:机械工业出版社,2006.

[64] 唐向宏,李齐良.时频分析与小波变换[M].北京:科学出版社,2008.

[65] 胡昌华,周涛,夏启兵.基于 Matlab 的系统分析与设计:时频分析[M].西安:西安电子科技大学出版社,2001.

[66] 吴守一.农业机械学(下册)[M].北京:机械工业出版社,1992.

[67] (波兰)卡那沃依斯基.收获机械[M].曹崇文,吴春江,柯保康,译.北京:中国农业机械出版社,1983.

[68] 韩清凯,罗忠.机械系统多体动力学分析、控制与仿真[M].北京:科学出版社,2010.

[69] 孙其诚,厚美瑛,金峰,等.颗粒物质物理与力学[M].北京:科学出版社,2011.

[70] 孙其诚,王光谦.颗粒物质力学导论[M].北京:科学出版社,2009.

[71] 张少实,庄茁.复合材料与粘弹性力学[M].北京:机械工业

出版社,2005.

[72] 王国强,郝万军,王继新.离散单元法及其在 EDEM 上的实践[M].西安:西北工业大学出版社,2010.

[73] Li T, Ceccarelli M, Luo M, et al. An Experimental Analysis of Overcoming Obstacle in Human Walking[J]. Journal of Bionic Engineering, 2014, 11(4): 497 – 505.

[74] Olesen C G, de Zee M, Rasmussen J. Comparison between a computational seated human model and experimental verification data[J]. Applied Bionics and Biomechanics, 2014, 11(4): 175 – 183.

[75] Shah S H, Yin-Chang L, Mei-Ying H. Effect of number density on velocity distributions in a driven quasi-two-dimensional granular gas[J]. Chinese Physics B, 2010, 19(10): 108 – 203.

[76] Minguito M D, Meerson B. Phase separation of a driven granular gas in annular geometry[J]. Physical Review E, 2007, 75(1): 011304 – 1 – 011304 – 8.

[77] Antony S J, Kuhn M R. Influence of particle shape on granular contact signatures and shear strength: new insights from simulations[J]. International Journal of Solids and Structures, 2004, 41(21): 5863 – 5870.

# 附　录

## 附录一　主要符号说明

### 附表 1-1　主要符号说明

| 符号 | 物理意义 | 单位 | 符号 | 物理意义 | 单位 |
|---|---|---|---|---|---|
| $F_{eq}$ | 等效激振力 | N | $\Delta t$ | 冲击时间 | s |
| $\zeta$ | 阻尼比 | | $k$ | 刚度系数 | |
| $c$ | 阻尼系数 | | $\eta$ | 比例因子 | |
| $\alpha_d$ | 吊杆倾角 | (°) | $\gamma_s$ | 筛面转角 | (°) |
| $\beta_i$ | 筛面 $i$ 位置的振动方向角 | (°) | $r_i$ | 筛面 $i$ 处振幅 | mm |
| $D_p$ | 筛面局部抛掷强度 | | $\delta_x(t)$ | 横向扩张系数 | |
| $\delta_z(t)$ | 垂直扩张系数 | | $\varphi_b(t)$ | 变形系数 | |
| $\lambda_f$ | 分层系数 | | $\gamma_q(j)$ | 迁移系数 | |
| $E_{i\_动}$ | 单颗粒在 $i$ 处的动能 | J | $E_{i\_势}$ | 单颗粒在 $i$ 处的势能 | J |
| $E_{总max}$ | 筛面提供的总机械能 | J | $l$ | 筛面长度 | mm |
| $m_z$ | 颗粒总质量 | kg | $m_g$ | 谷粒质量 | kg |
| $m_j$ | 茎秆质量 | kg | $\omega$ | 圆频率 | rad/s |
| $E_{谷粒}$ | 谷粒动能 | J | $E_{茎秆}$ | 茎秆动能 | J |
| $X_E$ | 动能吸收率 | | $X_W$ | 势能吸收率 | |
| $W_{谷粒}$ | 谷粒势能 | J | $W_{茎秆}$ | 茎秆势能 | J |
| $S_{cx}$ | 颗粒群中心横向位移 | mm | $S_1$ | 颗粒群前端距离 | mm |
| $S_2$ | 颗粒群长度 | mm | $S_3$ | 颗粒群厚度 | mm |

注:此表仅用于正文中的第 8~12 章。

附录二　往复摩擦信号的 STFT 变换

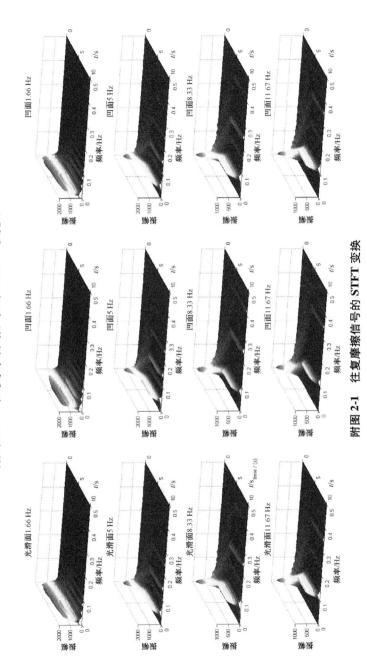

附图 2-1　往复摩擦信号的 STFT 变换

# 附录三　变振幅筛面各标记点局部抛掷强度

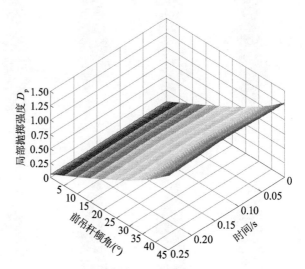

**附图 3-1　标记点 1 在不同前吊杆倾角条件下一个周期内的局部抛掷强度**

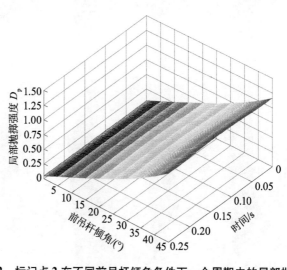

**附图 3-2　标记点 2 在不同前吊杆倾角条件下一个周期内的局部抛掷强度**

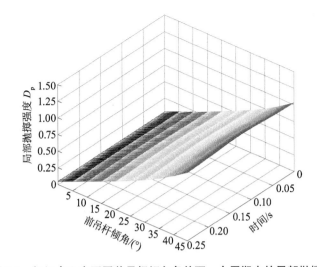

**附图3-3　标记点3在不同前吊杆倾角条件下一个周期内的局部抛掷强度**

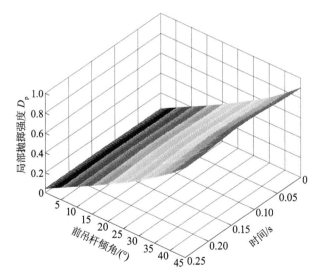

**附图3-4　标记点4在不同前吊杆倾角条件下一个周期内的局部抛掷强度**

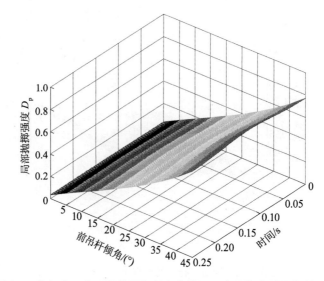

附图 3-5　标记点 5 在不同前吊杆倾角条件下一个周期内的局部抛掷强度

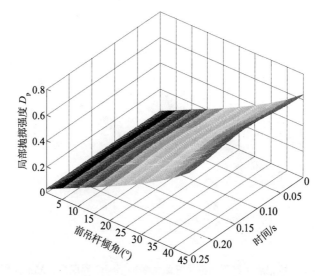

附图 3-6　标记点 6 在不同前吊杆倾角条件下一个周期内的局部抛掷强度

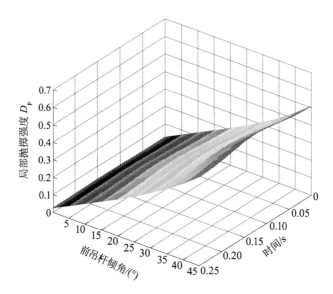

附图 3-7　标记点 7 在不同前吊杆倾角条件下一个周期内的局部抛掷强度

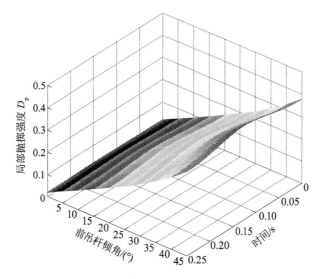

附图 3-8　标记点 8 在不同前吊杆倾角条件下一个周期内的局部抛掷强度

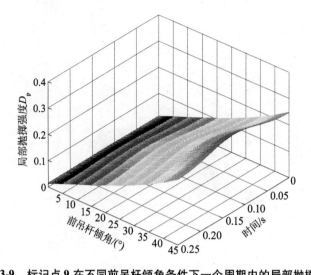

**附图 3-9　标记点 9 在不同前吊杆倾角条件下一个周期内的局部抛掷强度**